RECHERCHES

SUR L'EXISTENCE

DU FRIGORIQUE.

RECHERCHES

SUR

L'EXISTENCE DU FRIGORIQUE

ET

SUR SON RÉSERVOIR COMMUN,

Par J. P. Bres.

Felix qui potuit rerum cognoscere causas.
Georgica, lib. II.

A Paris, chez J. J. FUCHS, Libraire, rue des Mathurins, hôtel de Cluny.

De l'imprimerie de H. L. Perronneau, rue du Battoir, N°. 8.

AN VIII.

AVANT-PROPOS.

Je passerai sans doute pour un téméraire, n'étant connu par aucun écrit, de commencer ma carrière dans les sciences par un ouvrage dans lequel je cherche à démontrer l'existence d'un fluide qui, concurremment avec le calorique, joue le plus grand rôle dans la nature. Je sais qu'avant moi plusieurs hommes célèbres ont tenté de prouver l'existence du frigorique, et que l'école n'en est pas moins restée dans l'opinion, qu'il n'est d'autre cause du froid que l'absence ou la diminution de la chaleur; mais plus, sur cette matière, il s'est fait d'efforts jusqu'à ce moment, plus, si je suis dans l'erreur, je deviens excusable de m'être écarté de la vérité, et d'avoir fait perdre à mes concitoyens quelques momens inutilement employés à me lire. J'ose espérer cependant, quelqu'impression que laisse après lui cet écrit, que les expériences et les observations qui y sont relatées, ne demeureront pas ensevelies dans une nuit profonde. Nous sommes dans un siècle où des milliers de découvertes ont appris aux hommes à ne pas repousser trop légèrement les idées de leurs semblables ; voilà ce qui m'encourage à livrer cet opuscule à l'impression ; j'ose penser qu'on ne le lira point sans en tirer, sur la cause du froid, des conséquences différentes de celles qu'on a tirées des expériences ou des observations faites jusqu'à ce jour. Je peux m'être abusé ; je peux n'avoir vu qu'à demi des vérités précieuses ; mais cet essai peut, sous la protection laborieuse de quelqu'heureux génie, prendre une extension favorable au développement des sciences.

Quant à moi, je dois l'avouer, j'ai la conviction intime de l'existence du frigorique, et s'il existe vraiment, je serai doublement coupable, d'après tant d'observations recueillies, d'avoir si mal persuadé mes lecteurs. Il me semble le sentir de toutes les manières, dans toutes les saisons, à tous les instans du jour; je vois les savans le peser, le transporter, le diviser, le subdiviser, l'employer dans une multitude de compositions chymiques; je le vois dans des proportions modérées, donner aux êtres la force et la santé; dans des proportions trop chargées, produire le repos, l'engourdissement et la mort pour tout ce qui vit sur la terre, et devenir ainsi tour-à-tour le bienfaiteur et le tyran de la nature.

Que l'on ne s'étonne point de ce qu'après avoir cru reconnoître ce fluide dans la glace, j'ai cru le voir également dans toutes les températures du globe, soit dans les fleuves, la mer, l'air, les nuages et à la surface de la terre, soit dans les corps organisés qui y sont. Après dix ans de méditations, d'observations et de recherches, mes idées sur l'har-

monie de la natnre, dans laquelle je fais entrer le frigorique, doivent s'être étendues
plus loin que si ma découverte avoit été le
produit d'une expérience ou d'une remarque
spontanée; et la température des corps n'a
pas moins contribué à me faire découvrir le
frigorique, qne celui-ci à me faire observer
la cause des températures de tous les climats.

RECHERCHES

SUR

L'EXISTENCE DU FRIGORIQUE

ET

SUR SON RÉSERVOIR COMMUN.

De célèbres physiciens, tels que Boerhawe, Nollet, Mairan et, avec eux, toutes les écoles ont prétendu que le froid n'étoit que la diminution ou l'absence de la chaleur : s'Gravesande explique les phénomènes du froid par l'attraction, unie à l'absence de la chaleur.

Quelques savans ont prétendu que l'eau étoit un corps vitreux et solide par sa nature, qui se fondoit à un degré de chaleur moindre que pour la plupart des corps fusibles.

Muschembrock a cru devoir ajouter à l'attraction et à l'absence de la chaleur des parties frigorifiques. Il reconnut que l'eau, provenant de la neige et de la glace fondue,

étoit insalubre, et qu'elle étoit moins propre à faire cuire les légumes; d'où il conclut que l'eau changée en glace subissoit
une altération. Il reconnut pareillement que
l'eau pouvoit acquérir, dans un vaisseau
bien luté, 5 à 6 degrés de froid au-dessous
de zéro, ther. de Réau., sans être gelée; il
en conclut que la glace se formoit à l'aide
des parties frigorifiques.

Newton reconnut que l'opinion par laquelle on ne donnoit à la composition de la
glace d'autre cause que la diminution de la
chaleur, n'expliquoit pas suffisamment les
phénomènes du froid : mais en disant qu'un
jour on parviendroit à en connoître la vraie
cause, il ne voulut point hazarder d'opinion,
d'après cet axiome ; *que pour expliquer des
effets naturels, l'on ne doit admettre que
des causes existantes et non des causes
hypothétiques.*

C'est avec ce principe qu'on est parvenu
de nos jours à de si hautes connoissances ;
et c'est en m'y conformant, que je vais tâ-
cher de développer un système dont tant de
physiciens ont pressenti la nécessité, sans
cependant en établir les bases et en fixer

l'opinion. Ce sont leurs incertitudes qui m'ont enhardi à poursuivre les recherches que l'agriculture m'avoit mis dans le cas de faire ; sans les doutes de ces hommes célèbres, auxquels je joins avec plaisir Sigaud de Lafond, malgré mes préliminaires acquis dans l'art le plus précieux, j'aurois vraisemblablement passé mes jours dans la constante opinion de l'école ; mais il est également certain que le doute des savans ne m'eût jamais fait parvenir aux découvertes dont je vais parler, si je n'avois examiné de près les travaux de l'agriculture. Il est des choses qu'on ne peut apprendre environné des murs d'une immense capitale ; il faut voir et revoir souvent la nature dans ses travaux, pour oser sur elle porter çà et là quelques jugemens. Ce n'est souvent qu'après avoir été vingt fois témoin d'un phénomène, qu'avec des rapprochemens de ce qu'on a vu en d'autres tems, en d'autres lieux, l'on se hazarde à tirer des conjectures. Ces premières, avec le tems, en amènent d'autres ; celles-ci de nouvelles, et après des années d'observations, de recherches, d'expériences, de réflexions, l'on parvient à quelques résultats qu'on offre à la méditation des hommes.

Comme les recherches que j'ai faites sur le frigorique sont essentiellement liées avec les découvertes sur son réservoir commun, sur son affinité avec l'eau, sur la manière dont il est mis en mouvement parles rayons du soleil, et sur l'influence qu'il exerce dans la température du globe, j'ai dû ne pas me borner seulement à démontrer mécaniquement l'existence de ce fluide, mais faire voir le rôle qu'il joue dans la nature ; les moyens qu'il met en usage, les forces qui le font mouvoir, les modifications qu'il éprouve, et les objets avec lesquels il est en affinité ou en opposition. J'espère cependant que l'on ne m'accusera point d'avoir fait un système, et que l'on ne verra dans ce petit ouvrage que la simple application des découvertes que je crois avoir faites.

CHAPITRE PREMIER.

L'on ne peut expliquer la formation de la glace par la seule absence de la chaleur, ou, pour parler le langage de nos jours, par la retraite du calorique.

L'EAU, quand elle se glace, augmente de volume et devient spécifiquement plus légère. on a vu des blocs de glace porter des fardeaux énormes sans submerger. Les physiciens, pour expliquer ce phénomène, ont dit : l'air contenu dans l'eau se dégage au moment de la congellation ; il se porte à la surface du liquide, mais là, retenu par la première croute de glace, il s'arrête ; bientôt une seconde, une troisième, une vingtième bulle s'élèvent et vont s'unir à la première. Toutes ces parties, par leur union, deviennent élastiques, font effort, s'étendent et forcent ainsi la glace à prendre une extension plus grande que n'avoit le liquide avant d'être congelé. Le corps glacé, ayant plus de volume sans avoir plus de matière, doit être spécifiquement plus léger et nager dans son propre élément.

D'autres physiciens ont combattu cette opinion en disant : l'eau dégagée d'air et glacée prend la même étendue que l'eau non purgée d'air, et la glace qui en résulte surnage dans son propre élément. Cette expérience est de M. Hausbec, Trans. phil. an. 1707. Il dit ne s'être apperçu d'aucune élévation dans ses tubes, soit qu'ils fussent purgés d'air, soit qu'ils n'en fussent pas purgés ; donc le dégagement de l'air, au moment où l'eau se congèle, n'est point la cause principale de l'augmentation de volume dans la glace, ni celle de sa légèreté.

D'autres ont dit. Au moment de la congellation de l'eau, le calorique veut s'en dégager, mais il trouve un obstacle dans la première croute de glace ; il fait force cependant et donne ainsi plus d'expension au liquide congelé.

Je réponds, 1°. si le calorique restoit dans l'eau pour presser la glace dans ses flancs, si je peux dire ainsi, l'eau conserveroit sa fluidité ; puisque d'après l'opinion de ceux qui sont opposés à la mienne, l'eau ne se métamorphose en glace que par la retraite du calorique.

2°. Le calorique s'échappe réellement, d'après ces mêmes physiciens, et ils l'on re-

connu par l'ascension de la liqueur du thermomètre, qui toujours a lieu, disent-ils, lorsqu'un corps liquide se coagule ou se durcit.
Or, dira-t-on que pour s'échapper de cette
eau il est contraint d'user de force? Nous savons que ce fluide passe doucement à travers
tous les corps sans les altérer. Dans cette hypothèse cependant, au lieu de s'échapper librement à travers les pores des vases qui contiennent de l'eau qui se gèle, il les briseroit
avec éclat. Non; ce fluide agit avec plus de
modération, plus de douceur, sur-tout lorsqu'il est en aussi petite quantité dans un corps
que nous le supposons ici; car, avant de se
glacer, l'eau se refroidit d'abord par degré,
et son changement de corps liquide en celui
de solide se fait par une progression insensible
que l'œil ne peut appercevoir. Donc le calorique a tout le loisir possible de se retirer sans
fracas.

Mais voici pour embarrasser les partisans
de l'une et l'autre objection. La glace formée
dans un vase clos et placé dans un appartement, est compacte et ne surnage point dans
l'eau, quoiqu'en se formant elle ait acquis un
plus grand volume qu'elle n'avoit dans son
état de fluidité; or, soit que l'on veuille se
servir du système du dégagement de l'air con-

tenu dans l'eau, soit qu'on embrasse celui du dégagement du calorique, il devient également impossible d'expliquer d'une manière satisfaisante la formation de la glace, dans les divers phénomènes qu'elle présente : mais supposons l'intromission d'un fluide qui attire et coagule les parties du liquide, soudain tout s'explique avec une facilité satisfaisante. Pour le moment je dois me borner à faire voir que les explications données par les physiciens sur la formation de la glace, ne satisfont point l'observateur.

Fahrenheit, en 1721, fit des expériences sur des boules de verre remplies d'eau; il les exposa à une température de 15 à 17 degrés de congellation; il en cassa quelques-unes qui n'étoient pas encore gelées, et dès que l'eau fut à l'air libre, il eut de la peine à suivre de l'œil la formation de la glace qui surnagea dans l'eau; mais celle qui se forma après beaucoup de peine dans les boules bien lutées, fut opaque et ne nagea point dans l'eau. Trans. phil.

L'eau placée dans un vase de métal bien luté acquiert pendant un froid de 15 à 17 degrés, une froidure de 6 à 7 degrés au-dessous de zéro ther. de Réau., sans se glacer; j'en ai fait l'expérience en laissant le vase dans un appartement

partement. Sortez l'eau de ce vase par un froid de 1 ou 2 degrés; versez-là d'un peu haut dans un autre vase à l'air libre, et vous la verrez se glacer avec une activité surprenante.

Si la seule absence de la chaleur métamorphosoit l'eau en glace, je demanderois pourquoi cette eau étant à 6 degrés au-dessous de zéro, n'a pas pu se geler, étant renfermée dans ce vase de métal, et sans doute on ne sauroit que me répondre. Dans cette expérience le calorique s'est retiré jusqu'à la concurrence de 6 degrés glace; je livre cette eau à la température de 2 degrés; elle s'y gèle. Dans cette occasion est-ce le calorique qui quitte l'eau pour la laisser se congeler? Non. D'après les lois de l'équilibre des fluides, il doit plutôt lui en arriver. Elle est à 6 degrés de froid, l'atmosphère est à deux; forcément cette eau se mettra à la température de l'atmosphère; et si tous les changemens de température se font par le seul calorique, dans cette expérience-ci, l'eau en se glaçant doit acquérir deux fois plus de calorique qu'elle n'en avoit avant d'être glacée; il existe donc une autre cause qui détermine l'eau à se congeler.

Je pense qu'il est maintenant assez démon-

B

tré que l'on ne peut expliquer la formation de
la glace par la seule retraite du calorique.

L'on dira peut-être ; mais vous-même comment expliqueriez - vous ces phénomènes par
l'intromission du frigorique ? Je répondrai que
ce n'est pas bien le moment de donner la solution de cette question , parce qu'il faut
prouver l'existence de ce fluide avant de développer ses effets ; cependant pour satisfaire
à l'impatience de quelques lecteurs , je dirai,
en supposant pour un instant l'existence du
frigorique : ce fluide tombe des airs , et il a
une grande affinité avec l'eau. Supposons-le
tombant en plein air et sans obstacle sur de
l'eau , il la coagule , augmente son volume de
tout le sien , et la rend ainsi spécifiquement
plus légère , parce qu'en effet le frigorique est
un fluide extrêmement volatil : mais supposons-le tombant sur le toit d'un appartement,
passant par les filières, si je peux dire ainsi,
des tuiles et des planches du toit, de là par
celles du plancher, de celles-ci par celles du
vase de métal , ne conçoit-on point comment
il est possible que ce fluide , dépouillé d'une
portion de son être , puisse réfroidir une eau
jusqu'à 6 degrés sans la coaguler ; et ne conçoit-on pas en même tems comment cette eau,
versée en plein air et agitée , peut soudain se

glacer à une température deux fois moins ré-
froidie? car si le frigorique est en grande affinité avec l'eau simple, à plus forte raison
doit-il l'être lorsqu'elle est chargée d'une
grande quantité de ce fluide. Sa communication avec l'air libre met le frigorique de l'eau
à même de se procurer rapidement les portions
ténues attractives qui lui manquent et de coaguler sur-le-champ le liquide qui malgré 6
degrés de froid, avoit conservé sa fluidité.
L'on conçoit pareillement comment il est possible que de la glace formée dans un appartement, soit opaque et pesante, tandis que
celle formée à l'air libre est transparente et
légère.

Mais ces explications sont encore sans fondement, jusqu'à ce que nous ayions démontré
la deuxième proposition.

CHAPITRE II.

Le frigorique est un fluide qui cause la glace et qui produit le froid dans tous les corps, à quelque degré qu'il y soit contenu.

———

Je tirerai les premières preuves de cette proposition des observations que j'ai faites dans la culture des campagnes et des jardins; je vais les présenter ici telles qu'elles se sont offertes à mes yeux.

1º. Dans les gelées printanières, assez fortes pour geler les tendres jets de la vigne, les ceps sous les saules bien feuillés ne prennent aucun mal; les ceps placés sous des pêchers en fleurs ou légèrement garnis de feuilles sont à demi-endommagés, et ceux du reste de la vigne sont absolument perdus.

2º. Dans ces gelées, les vignes de la plaine périssent, et celles des côteaux se conservent ou sont légèrement endommagées, suivant que le penchant est plus ou moins rapide.

3º. Dans les grands hivers les vignes de la plaine périssent et celles des côteaux se conservent, ou sont d'autant moins endommagées que la pente est plus rapide.

4°. Si dans la plaine, lors des gelées de printems et d'automne, il y a quelque terrain qui fasse cul-de-lampe, c'est-là que se portent les ravages les plus grands. S'il y a un terrain légèrement en dos-d'âne, les plantes n'y éprouvent aucune atteinte ou n'y sont que foiblement attaquées. En 1794, dans une gelée du mois de mai, tous mes melons périrent, et quelques-uns placés sur des capots en bosse se conservèrent et donnèrent des fruits excellens.

5°. Dans les foibles gelées, si la plante est recouverte à quelques pieds de hauteur, elle ne prend point de mal. J'ai vu en automne une touffe de capucines à côté du toit d'un rucher ; une partie des branches et feuilles des capucines étoient sous le toit ; la gelée survint et la ligne de vie et de mort sur le végétal fut celle du zénith à la terre, passant par le bord de l'appentis.

6°. Dans l'hiver de 1795 (an 3), les abricotiers en plein air dans le jardin que je me plaisois à cultiver, furent menacés de mort ; ils poussèrent seulement sur le bois de cinq ans, et aucun poirier ne fleurit. J'avois des espaliers le long d'un mur surmonté à 15 pieds d'un appentis de toit, saillant inégalement depuis un pied jusqu'à quinze pouces. Les poiriers y fleurirent mais ne conservèrent point de fruit, et les abricotiers y poussèrent sur le bois de l'année : j'en avois le long d'un mur qui n'étoit point surmonté d'appentis ; mais ce mur avoit fui la perpendiculaire en plusieurs endroits ; les abricotiers y poussèrent sur le bois d'un ou deux ans, selon que les branches se trouvoient plus ou moins collées sur le mur dans les parties qui avoient fui la perpendiculaire.

7°. J'ai abrité des plantes à tous les aspects à la fois, je les ai laissées découvertes au zénith, elles ont péri par une gelée de printems ; j'en ai couvert au zénith, de la même espèce, sur le même sol, au même moment, en les laissant découvertes à tous les aspects, elles se sont conservées.

J'ai cru devoir conclure de ces observations, que ce qui occasionnoit le froid, tomboit perpendiculairement des airs. Si cette cause que j'appelle frigorique, ne tomboit pas ainsi, pourquoi telle vigne, disois-je, périssant dans une matinée d'avril, conserveroit-elle des ceps sains et saufs sous un saule bien feuillé, et des ceps à demi-endommagés sous des pêchers à feuilles minces et rares ? Pourquoi dans l'hiver

de l'an 3 (1795) mes abricotiers en plein vent seroient-ils morts jusqu'au bois de cinq ans, tandis que sous un appentis de toit élevé de quinze pieds, et même sous la courbure d'un mur sans appentis, ils se seroient conservés? Ces effets m'ont semblé annoncer la chûte du frigorique, et j'ai voulu m'en assurer plus particulièrement par les expériences dont je vais rendre compte.

Le 22 nivose an 6, à 2 heures du matin, j'ai mis en plein air sur une table, par un tems calme et serein, des vases de la même matière, de la même grandeur, et remplis en même tems de la même eau de fontaine. Le ther. de Réau. étoit à 5 degrés au-dessous de la congellation ; le vase n°. 1 étoit découvert, celui n°. 2 étoit couvert d'un vase pareil à celui qui contenoit l'eau ; le n°. 3 étoit surmonté d'un vase pareil, mais suspendu à 4 pouces de hauteur ; le n°. 4 étoit surmonté pareillement à 4 pouces de hauteur d'un couvercle qui n'avoit que la moitié du diamètre du vase recouvert ; le n°. 5 avoit un entonnoir de verre qui, posé sur sa large ouverture et portant au milieu du vase, en couvroit la moitié de la surface.

J'établis pareillement sur la table deux flacons de verre, dont l'ouverture étoit de 15

(24)

lignes de diamètre ; il étoient tous deux de la
même grandeur et capacité ; l'un étoit débou-
ché, l'autre étoit surmonté d'un entonnoir de
verre sans douille, qui réduisoit l'ouverture
de ce flacon à 6 lignes de diamètre.

L'eau du vase n°. 1 prit, dans un tems
donné, une glace d'une ligne et demie d'é-
paisseur ; l'eau du vase couvert n°. 2 com-
mençoit à prendre de longues aiguilles à sa
surface ; le vase n°. 3 recouvert à 4 pouces
de hauteur avoit une glace épaisse d'une demi-
ligne ; le vase n°. 4, surmonté à 4 pouces
d'un couvercle, avoit une glace de trois quarts
de lignes à-peu-près ; et le vase n°. 5, ayant
un entonnoir de verre posé sur sa large ouverture, avoit toute son eau placée entre les parois intérieures du vase et les parois extérieures
de l'entonnoir entièrement glacée ; mais celle
contenue entre les parois intérieures de l'entonnoir et le fond du vase étoit liquide.

Quant aux deux flacons ; celui qui étoit à
découvert avoit à la surface de son eau une
légère pellicule de glace ; mais celui qui étoit
surmonté d'un entonnoir avoit beaucoup de
glace, sans que je puisse en déterminer la
quantité, comparativement à celle de l'autre
flacon. Cette glace s'étoit formée d'une manière différente de l'autre ; elle tenoit par de

longues aiguilles au fond du vase et à ses parois latérales intérieures, venant aboutir à la surface de l'eau.

Ces expériences sont exactes ; chacun peut s'en convaincre en les répétant, et sans que je m'en donne les soins, chaque lecteur voit déja dans les résultats obtenus, la preuve de la chute du frigorique.

Le vase n°. 1 qui est découvert, a la glace la plus épaisse, et elle diminue d'épaisseur dans les autres vases à proportion qu'ils sont plus couverts au zénith. Si nous voulions n'attribuer la formation de la glace qu'à la retraite du calorique, comment concilierions-nous tous ces faits, ainsi gradués par la couverture qu'ont les vases à quelques pouces de hauteur ? Sur-tout comment s'y prendroit-on pour expliquer le phénomène du vase n°. 5, ayant toute son eau entre ses parois intérieures et les parois extérieures de l'entonnoir glacée, et celle entre les parois intérieures de l'entonnoir et le fond du vase parfaitement liquide ? Cependant l'explication en est simple en adoptant la chute du frigorique.

Je m'étois dit : si ce fluide tombe des airs ; je dois avoir dans mes quatre premiers vases une glace d'autant plus épaisse qu'il leur sera offert moins d'obstacles au zénith. En effet, le n°. 1 qui est absolument à découvert obtient la glace la plus épaisse; le n°. 4 surmonté à 4 pouces de hauteur d'un couvercle qui n'a que la moitié du diamètre du vase, vint ensuite; le n° 3 qui est surmonté à 4 pouces de hauteur d'un couvercle pareil à son diamètre, est celui des trois qui a la glace la moins épaisse; et le n°, 2 dont le couvercle touche, quoique très-inégalement, le vase, est de tous, celui qui a le moins de glace.

Je m'étois dit encore : si le frigorique tombe du ciel, l'eau du n°. 5 sera la plus fortement glacée; parce qu'elle recevra, 1°. le fluide qui lui arrivera par la perpendiculaire; 2°. celui qui lui arrivera par l'entonnoir dont les parois sont inclinées : le fluide ne s'y fixant point, ira s'unir à l'eau du vase et donnera à sa glace une double épaisseur, tandis que l'eau contenue entre les parois intérieures de l'entonnoir restera liquide, parce qu'elle n'aura pour se réfroidir que le frigorique qui passera par le petit trou de la douille.

Toutes mes conjectures se sont vérifiées, comme on le voit par ce que je viens de dire : il n'est cependant pas inutile d'y joindre les réflexions qu'on peut tirer de l'expérience des deux flacons, dans laquelle l'épreuve de l'entonnoir est faite en sens inverse.

L'entonnoir y présente sa large ouverture vers les airs ; le fluide, en tombant, doit glisser le long des parois intérieures de l'entonnoir, et s'unir à l'eau du flacon. Cependant l'on doit observer qu'il doit rester plus de frigorique sur les parois intérieures de cet entonnoir que sur les parois extérieures de l'autre, parce que dans l'expérience du vase n°. 5, l'attraction de l'eau s'exerce sur toute la circonférence, au lieu que dans l'expérience du flacon, l'attraction de l'eau ne s'exerce que par un point qui est l'ouverture de la douille, ce qui doit faire nécessairement que l'eau du flacon ne se gèle pas autant à proportion que celle extérieure du vase n°. 5.

Ces expériences pourroient se faire avec plus de précision ; mais jusqu'à cette heure, telles qu'elles sont, elles suffisent pour établir la chute du frigorique, but principal de mes recherches.

Comme j'écris ceci, me souvenant que j'ai laissé deux thermomètres couchés à plat sur ma fenêtre, je me lève pour aller les en retirer ; mais je suis surpris de voir que celui qui est le plus près de la vitre marque un tiers de degré de froid moins que l'autre. Voulant m'assurer si c'est l'effet de la température ou de quelque changement arrivé à mes thermomètres , je mets celui qui étoit plus près de la fenêtre à la place de celui qui en étoit plus loin , et celui plus loin , je le mets plus près; demi-heure après , celui plus près marque un tiers de degrés de moins de froid. Je ne peux attribuer cette différence qu'au linteau de la fenêtre qui , à 6 pieds et demi de hauteur , couvre les deux thermomètres. Le moins près de la vitre est plus à découvert; il doit marquer plus de froid.

J'ai pris deux thermomètres fixés à une planche de deux pouces de largeur et de six lignes d'épaisseur; je les ai suspendus à plat perpendiculairement l'un sur l'autre à 4 pouces de distance; le thermomètre inférieur a marqué un degré de moins de froid.

Comment encore révoquer en doute la chute du frigorique ? J'aurois encore bien des expériences à rapporter , mais je crois qu'en voilà une quantité suffisante pour le moment. Cependant je ne résiste point au desir de rappeler à mes lecteurs un fait dont tous ont été témoins , et plusieurs la victime.

Lorsque le tems est *calme* et *serein* après la retraite du soleil , si pendant le jour a règné le vent de nord , vous sentez le froid sur la partie extérieure des bras et sur la partie des épaules qui se présente au zénith. S'il n'y avoit point de chute de frigorique ; si le froid n'étoit simplement que l'absence de la chaleur , on sentiroit ce me semble, la froidure également sur les cuisses , les jambes , la poitrine et les autres parties du corps, qui ont le même contact avec l'air atmosphérique. Chacun peut, au premier moment, faire cette expérience. Puisse ce que j'en dis ici, faire ouvrir enfin les yeux aux jeunes femme du jour, qui, pour briller dans les fêtes nocturnes de nos jardins enchantés, se dépouillent précisément les parties du corps les plus exposées à la chute du frigorique. Les arbres, il est vrai, les garantissent en partie, mais elles ne sont pas toujours sous le feuillage. Une gaze légère , qui laisse, pour ainsi dire, à nud une partie de leur corps, ne sauroit les garantir de l'influence maligne du frigorique. Elles ont toutes éprouvé ce que je dis ici, mais elles immolent sans pitié, à la frivolité de la mode, le plus bel ornement de leurs attraits , la santé, qui leur donne la fraîcheur du teint et l'aisance , la souplesse dans toute l'habitude du corps, sans lesquelles il n'est aucune grâce pour la beauté. Au lieu de voyager de chez vous à Tivoli, partez pour l'Orient ; allez sous les tropiques, sous la ligne, et vêtissez-vous à la Grecque; là vous le pourrez impunément; mais si dans nos climats vous voulez rester belles le peu de tems que la nature vous assigna pour l'être, ajustez à votre corps un vêtement bouillonné par les graces, qui derobe à nos regards des attraits d'autant plus desirés qu'ils seront moins apperçus.

Après cette digression, que je prie mes lecteurs de me pardonner, je citerai quelques expériences faites par des savans qui, à la vérité, n'en ont pas conclu l'existence du frigorique, mais qui sont à mon avis un accroissement de preuves à mon opinion.

M. Fordyce s'étant procuré des balances qui marquoient la différence de $\frac{1}{1000}$ de grain, et des thermométres d'une grande susceptibilité, trouva qu'une quantité d'eau connue pesoit moins que cette quantité glacée; il en attribua la cause à l'attraction qui, disoit-il, s'exerçoit plus sur un corps opaque que sur un corps liquide.

M. Haukbec trouva que la différence d'un quart de chopine d'eau glacée à cette même eau bouillante étoit de deux grains. d'après une expérience que je rapporterai dans la quatrième proposition, l'on concevra qu'il seroit possible de recueillir les deux grains qui s'échappent, de les faire passer dans un autre quart de chopine d'eau, et de s'assurer par-là

que l'on ne doit point attribuer la différence
de poids, comme a dit M. Fordyce, à l'attraction qui s'exerce plus sur un corps solide que
sur un corps liquide ; mais cette expérience
n'ayant pas été faite, nous ne pouvons nous
en étayer. Raisonnons seulement sur ce que
nous savons déja.

Il est démontré par les expériences de ces
deux savans, que l'eau glacée pèse plus que
l'eau bouillante ; mais pourquoi en serions-
nous étonnés ? pourquoi même ne l'aurions-
nous pas soupçonné, en voyant l'eau augmenter de volume par la congellation ? Son augmentation de volume, comme je l'ai déja dit,
et comme déja la plupart de mes lecteurs sont
disposés sans doute à le croire, vient de l'intromission d'un corps qui tombe des airs ; ce
corps, si léger qu'on puisse le concevoir, a
un poid quelconque, et ce poids doit se mani-
fester à la balance, comme l'augmentation de
volume se manifeste à la mesure. La réponse
que je donne ici prépare aux savans, habiles
manipulateurs, des expériences nouvelles et
du plus agréable intérêt : j'en indiquerai bientôt les moyens. Répondons plus directement à
l'opinion de M. Fordyce.

Lorsqu'on pèse un corps liquide, il n'est
pas suspendu lui-même aux fils de la balance.

l'eau est renfermée dans un vase, et le vase
porte sur le plateau de la balance ; ces deux
corps opaques sont les premiers à suivre les lois
de l'attraction. Comment concevoir que le corps
qui y est renfermé ne gravite plus également
vers la terre parce qu'il est liquide ? C'est sûre-
ment une supposition purement gratuite qui
n'est prouvée par rien ; c'est expliquer un fait
que l'on ne conçoit point, par une cause que
l'on conçoit moins encore. Si M. Fordyce avoit
connu la chute du frigorique, il n'auroit pas
balancé à l'adopter pour cause de l'augmentation du poids dans un fluide glacé.

Qu'on me permette de rapporter encore une
expérience de M. Beker; il remarqua qu'un
bloc de glace chauffé à deux de ces extrémités,
se refroidissoit plus encore au centre. Il en
conclut avec quelques physiciens, que la chaleur augmentoit le froid dans la glace : je ne
le pense pas ainsi. Cette conclusion est encore
purement gratuite ; nul de ces physiciens ne
conçut dans le tems, et nul ne sauroit concevoir encore comment le chaud offert à un
corps froid, le refroidit encore. Je sais qu'en
attribuant tous les effets de froid et de chaud
au seul calorique, on peut répondre que le
calorique du centre de la glace étant attiré par
celui qui est aux deux extrémités pour les fondre ,

dre, le froid doit au centre y devenir plus sensible; mais comment concevoir que le centre de ce
bloc de glace va se dépouiller de son calorique
en faveur de ces deux extrémités réchauf-
fées, tandis que par la loi de l'équilibre des
fluides, ce seroit aux deux extrémités du bloc
de glace à transmettre au centre une partie de
leur calorique? Mais prenons une autre marche, et nous expliquerons ce phénomène avec
des raisons positives.

Prenez une barre de fer, rougissez-la par
les deux bouts, et, la tenant dans la main
par son milieu, plongez à la fois les deux bouts
dans l'eau froide, la chaleur s'augmentera
tellement au centre, que vous serez contraint
de jeter la barre à vos pieds : faites cette application simple à la glace dont il est ici question. Les deux extrémités de la glace étant ré-
chauffées, le frigorique doit se hâter de fuir ;
mais comme il est plus en affinité avec l'eau
et sur-tout avec la glace (je démontrerai cette
assertion) qu'avec l'air atmosphérique, il doit
se diriger vers le centre et en augmenter la
froidure.

Je n'abandonnerai point cette deuxième
proposition sans me faire les objections les
plus fortes et sans y répondre, ou du moins

C

je dirai celles que je connois et ne chercherai pas à les atténuer.

Première objection. Vous n'aviez pas bien mesuré la capacité de vos vases numéros 1, 2, 3, 4 et 5; vous ne sauriez assurer qu'ils n'avoient pas plus de matière l'un que l'autre; cependant plus les vases avoient de matière, plus ils devoient avoir de calorique et en fournir à l'eau qu'ils contenoient, et par conséquent ils devoient l'empêcher de se geler aussi fort. Effectivement, l'on s'apperçoit que le vase n°. 2 est celui qui se gèle le moins, parce qu'il s'y trouve deux vases au lieu d'un, et deux quantités de calorique au lieu d'une.

Réponse. Que l'on mette de l'eau dans un vaste saladier ou dans une petite soucoupe à café; qu'on les expose tous les deux à la gelée, et l'on ne s'appercevra d'aucune différence dans l'épaisseur de la glace; elle ne se forme point en raison de la masse du vase qui la contient, mais en raison du froid qui la pénètre. Il n'est personne qui ne se soit apperçu de ce que je dis ici, sans en avoir fait particulièrement l'expérience.

Seconde objection. Vous avez parlé d'une touffe de capucines près de l'appentis d'un rucher, dont la ligne de vie et de mort étoit la perpendiculaire du zénith à la terre passant par le bord de l'appentis. Ce qui étoit sous le toit a dû se conserver, parce que cette portion des capucines a soutiré le calorique de l'appentis, et s'est ainsi garantie de la malignité de la saison.

Réponse. Le calorique est un fluide qui tend, comme tous les autres, à s'équilibrer. Toute la touffe de capucines qui n'a point péri, ne touchoit pas l'appentis du rucher; mais quelques branches supérieures seulement; or ces branches, en soutirant le calorique, devoient par leurs canaux tortueux, le transmettre à toutes leurs feuilles jusqu'à la terre; point du tout, les feuilles de ces branches, qui se sont trouvées hors de la ligne perpendiculaire ont péri, tandis que les feuilles des branches péries vers leur cime pour avoir été hors du toit, se sont conservées saines pour avoir été en-dedans de la ligne perpendiculaire. Ce n'est donc point la soustraction du calorique de l'appentis qui a sauvé une partie des capucines, mais l'abri que leur offroit le toit contre la chute du frigorique.

Mais poursuivons cette réponse; si la foible tangente de l'appentis a suffi pour fournir du calorique à la moitié de cette touffe de capucines, pourquoi ce contact et l'enracinement de tous les pieds de capucines dans la terre né leur en ont-ils pas fourni davantage? Ce gros corps, la terre, en avoit plus sans doute à fournir, et cette masse de racines avoit plus de moyens pour en soutirer. Mais, que dis-je? la terre elle-même étoit entièrement gelée à sa surface; cependant combien plus que l'appentis n'avoit elle pas de calorique à opposer? Celui qu'elle renfermoit s'est-il retiré ou s'est-il neutralisé? La veille il faisoit chaud, le soleil étoit brillant et radieux, le calorique abondoit à la surface du sol, tout-à-coup il ne paroît que des frimats; le calorique s'est-il retiré par sa volonté, par caprice ou par force? A-t-il suivi les lois du mouvement imposées par la nature? C'est à cette question sans doute que vous vous arrêtez, lecteur. Or il n'est point d'effet sans cause; ce mouvement qui entraîne le calorique, par quoi est il produit? Est-ce l'atmosphère qui s'est emparée de ce fluide? Non, car elle n'en est que plus froide depuis que le calorique de la terre a disparu; bien plus, la même cause qui a fait disparoître celui de la terre en a privé l'atmosphère qui est également glacée. Est-ce la terre qui a renfermé le calorique dans son propre sein? Mais quelle force l'y a déterminée? Il en faut toujours venir à une cause, et cette cause, je ne la trouve point dans le seul mouvement du calorique; mais si j'y ajoute la chute du frigorique, je conçois comment le calorique, forcé de céder à sa puissance, est rentré dans le sein de la terre.

Cette supposition ne sauroit être hypothétique lorsqu'on se rappelle ce que j'ai dit des ceps conservés sous un saule bien feuillu. Si ce n'étoit pas la chute d'un fluide qui forçât l'autre à la retraite, comment ce petit espace de terre qui contient ce petit nombre de ceps sous cet arbre seroit-il non gelé, lorsque l'immense plaine est couverte de glaçons? Le calorique de l'arbre auroit garanti ce coin de terre et auroit empêché que des milliers d'arpens de terrain, manquant de calorique, ne soutirassent celui d'une ou deux toises carrées qui en ont conservé assez pour sauver de la mort leurs tendres nourrissons! cela ne peut se concevoir. Je crois que cette objection est suffisamment combattue.

Troisième objection. Le froid vient à la suite de la rosée. La rosée froide, en descendant des airs et tombant sur les plantes, leur enlève leur calorique et les fait périr en les glaçant; c'est pourquoi tel arbre, dont vous avez parlé, abrité sous l'appentis d'un toit, recevant moins de rosée, est moins atteint par la gelée.

Réponse. Cette rosée, si froide qu'elle soit, dès qu'elle est en rosée, n'est pas encore congelée ; or, suivant l'objection, loin de se refroidir, après avoir touché l'arbre dont il s'agit, cette rosée devroit se réchauffer de tout le calorique qu'elle enlève à cet arbre : cette rosée tombant avec une lenteur extrême, doit attirer le calorique de l'arbre avec la lenteur de sa chute, et cette lenteur doit nécessairement donner le tems à l'arbre de soutirer de ses racines le calorique que lui enlève la rosée ; les racines doivent avoir celui de soutirer de la terre le calorique que leur enlève l'arbre, et forcément l'équilibre étant aussitôt rétabli que rompu, l'arbre dont il est question ne devroit souffrir aucun dommage. Je dis plus ; comment concevoir que ce peu de rosée, par sa froidure, enlève le calorique de l'arbre et le fasse périr, lorsque moi-même dans une gelée de printems, je ne garantis mes arbres chargés de fleurs ou de fruits, qu'en les arrosant au moment du soleil levant, avec l'eau d'un ruisseau qui coule auprès. Cette eau sans doute est plus froide que l'intérieur de mon arbre ; elle devroit, suivant l'objection, lui enlever le reste de son calorique et agraver son malheur. Cependant il n'en est pas ainsi ; le frigorique dont mon arbre vient d'être chargé par sa chute qui a eu lieu pendant l'heure avant le soleil levant, ayant plus d'affinité avec l'eau qu'avec la plante, quitte cette dernière pour s'unir à l'eau. Le soleil paroît alors en vain, dore mon arbre de ses rayons, et loin de le dessécher, comme il fait de tous les autres arbres non arrosés, il le vivifie de sa lumière restaurante.

Qu'on ne me demande point pourquoi le soleil, dissipant le frigorique d'un arbre non arrosé le fait périr, tandis que le dissipant d'un arbre qui est arrosé ne lui fait aucun mal ; c'est le secret de la nature, renfermé dans son sein avec celui de la végétation. Je pourrois, comme un autre, bâtir un systême à cet égard, mais je sais que le plus grand génie n'expliquera jamais le mécanisme de la germination d'un grain de millet, à plus forte raison n'entreprendrai-je pas d'expliquer la végétation d'un arbre. Quoique je puisse le forcer à me donner le fruit que je veux, il me défiera toujours d'expliquer les lois par lesquelles je l'y contrains. Il en est de même dans ce que je fais par l'arrosement. Je sais que je vais forcer le frigorique à quitter les fleurs et les fruits de mon arbre ; mais je ne saurois comprendre pourquoi le frigorique, quittant mon arbre par la puissance de l'eau, se retire sans lui faire de mal , et comment le quittant par la puissance du soleil , il se retire de mes fruits en leur donnant la mort.

Il me reste à conclure de ce que je viens de dire , que si une gelée fait périr les plantes, ce n'est pas parce que la rosée qui tombe sur elles leur enlève leur calorique.

Quatrième objection. Un corps liquide se glace lorsque son calorique lui est retranché ; en voici la preuve. Au moment où un fluide passe à l'état de solide , le thermomètre placé à côté marque une légère augmentation de chaleur ; cette augmentation de chaleur ne peut être que la retraite du calorique. Donc la glace est occasionnée par la retraite de ce fluide.

Réponse. Je ne nierai pas que l'augmentation de chaleur marquée au thermomètre au moment de la congellation , prouve la retraite du calorique, mais je ne me crois point pour cela obligé de convenir que la glace ne soit due qu'à la retraite du calorique ; c'est comme si je raisonnois ainsi : il sort de l'air d'un tonneau quand je le remplis de vin ; donc il n'y a du vin dans le tonneau que par la retraite de l'air qu'il contenoit. Je conviendrai que si l'air n'étoit pas sorti du tonneau , il y seroit entré fort peu de vin ; mais en même tems je chercherai la cause qui a forcé l'air à sortir du tonneau, et j'apprendrai que c'est le vin qui, plus fort que l'air, l'a contraint à lui céder la place. Ne devrois-je pas suivre ici la même méthode ? Il est sorti du calorique du vase lorsque son eau s'est glacée, voyons quelle est la cause qui l'a forcé à la retraite.

L'on me dira peut-être : votre comparaison n'est pas juste, on voit, on touche le vin qui entre dans le tonneau pour en chasser l'air ; l'on ne voit point, l'on ne touche point le frigorique qui, selon vous, chasse le calorique.

Je réponds, 1°. que l'on voit le frigorique par ses effets qui sont de durcir les liquides ; 2°. qu'on le touche ; il n'est encore nul mortel dans nos climats qui ne se soit plaint de l'avoir trop touché ; 3°. je peux faire une comparaison parfaitement exacte. Supposons une bouteille remplie d'hydrogène, je ne peux le voir, le sentir, le toucher ; je prends une autre bouteille remplie d'oxygène, je ne peux également ni le voir ni le toucher : parlons plus correctement, il ne m'est sensible ni au tact ni à la vue ; je fais passer l'oxygène dans la bouteille remplie d'hydrogène et celui-ci se retire ; j'en acquiers la certitude en recueillant ce dernier à son passage. Après m'être assuré qu'il est sorti , je regarde ce qui s'est passé dans la bouteille, et je vois que maintenant les animaux que j'y plonge y jouissent d'une santé parfaite ; j'y plonge un copeau de fer, et je l'y vois brûler comme une alumette avec le plus vif éclat ; soudain je conclus que si le métal brûle dans cette bouteille, c'est parce que l'hydrogène s'en est retiré. Sans doute si l'hydrogène y étoit encore , le fer n'y brûleroit pas ; mais aussi si l'oxygène n'y étoit pas entré, le fer n'y brûleroit pas non plus. La cause positive du brûlement du métal n'est pas la retraite de l'hydrogène de la bouteille, mais l'intromission de l'oxygène.

Mais dira-t-on peut-être encore, l'existence de l'oxygène est prouvée , et celle du frigorique ne l'est pas.

Mais si je la démontre, pourquoi ne pas en convenir ? Pourquoi ne voir que des effets sans cause ? L'on aura beau dire que la glace se forme par la retraite du calorique , cette retraite est une cause négative ; il en faut encore une positive qui force le calorique à la retraite et coagule le fluide. Or , cette cause positive, c'est le frigorique que nous avons vu tomber des airs ; fluide que nous sentons journellement, dont nous voyons à tout instant les effets, et qui sans cesse combattant le calorique, l'empêche d'embrâser le monde.

Cinquième objection. Lorsqu'un corps solide passe à l'état de liquide, le thermomètre placé auprès, marque une légère diminution de chaleur ; cela prouve que le corps solide, pour se liquéfier, absorbe une partie du calorique qui l'environne. De-là naît un froid apparent, mais qui n'est en effet qu'une diminution de la chaleur.

Réponse. L'on est frappé, en voyant cette objection, d'une certaine contradiction. Quoi ! lorsqu'un corps liquide passe à l'état de solide, il se fait une chaleur sensible autour, c'est, dit-on le calorique qui sort du liquide coagulé ; et lorsque le corps solide passe à l'état de liquide, il se fait un froid sensible autour, et c'est encore le calorique qui en est la cause. Ici l'on veut que la retraite du calorique occasionne autour du corps glacé une chaleur sensible : là on veut que le retour de ce calorique occasionne un froid sensible autour du corps liquéfié ; c'est donc à dire que ce fluide agit en sens contraire pour opérer le même effet, ou qu'il agit de même pour opérer des effets contraires. S'il a réchauffé l'atmosphère par sa présence dans la première expérience, pourquoi ne la réchaufferoit-il pas dans la seconde? C'est dans l'un et l'autre cas, du calorique qui vient occuper l'atmosphère environnant le corps durci ou liquéfié, et qui, ce me semble, doit en augmenter la chaleur, soit qu'il vienne du dedans au-dehors ou du dehors au-dedans; car enfin, convenons pour toujours que le calorique est un fluide, que les fluides tendent à s'equilibrer, et que par conséquent à proportion qu'il est soutiré d'un lieu, toute la circonférence doit se hâter de remplacer celui qu'il vient de perdre, à moins qu'un obstacle ne s'y oppose. Mais ici il n'y a point d'obstacle dans l'opinion reçue, puisque le calorique ne reconnoît aucun fluide qui lui soit contraire.

Cela posé, je dis que si, lorsqu'un morceau de glace se liquéfie, il absorboit une quantité quelconque de calorique, le thermomètre devroit marquer une augmentation de chaleur et non de froid. A proportion que la glace absorbe le calorique environnant, il doit en arriver de tous les points de la circonférence pour remplacer celui qui n'est plus. Telle on voit la roue d'une machine électrique absorber dans son premier tour le fluide qui l'environne, et cependant en porter autant au conducteur au second tour. Si donc le calorique est attiré par la fonte de la glace, il doit réchauffer l'atmosphère ; il la refroidit cependant, et j'en trouve aisément la cause. Quand le morceau de glace se liquéfie il en sort du frigorique qui refroidit l'atmosphère ; quand un liquide se glace il en sort du calorique qui réchauffe l'atmosphère.

Mais poussons la réponse un peu plus loin. lorsqu'on liquéfie un morceau de glace, c'est en le mettant en communication ou avec **un** fourneau, ou avec des corps chauds, **ou en** la combinant avec des substances qui contiennent beaucoup de calorique. Or, dirai-je que tandis qu'un fourneau, par exemple, liquéfie de la glace, elle néglige de s'emparer du calorique offert par le brasier, pour aller mesquinement glacer dans une atmosphère peut-être sensiblement refroidie, pour la refroidir encore ? Cette proposition ne me paroît point soutenable, sur-tout si l'on fait attention que la glace contenant du frigorique, doit nécessairement le laisser s'échapper pour donner passage au calorique qui s'introduit en elle et la liquéfie. Cette retraite du frigorique refroidit sensiblement l'atmosphère, comme le calorique, dans la proposition inverse, la réchauffe en se retirant.

Il résulte assez clairement de ce que je viens de dire, que ce qui fait le froid est un fluide qui tombe des airs et non pas la simple retraite du calorique. Le froid est donc une modification positive des corps et non une négative ; et si les corps ne deviennent pas chauds de froids qu'ils étoient sans une cause positive qui les y contraigne, de même ils ne deviennent point froids de chauds qu'ils étoient, sans y être forcés par une puissance, et cette puissance est le frigorique dont je vais continuer de prouver l'existence.

CHAPITRE III.

*Le réservoir commun du frigorique est l'at-
mosphère, principalement celle des pôles
et les pôles eux-mêmes.*

L'ON pourra m'accuser, d'après ce que je
vais dire, de bâtir un système sur l'harmonie et la température du globe, et non
d'opérer la démonstration d'un fluide nouveau ;
mais je prie mes lecteurs de me pardonner ces
écarts. Mes idées sur l'harmonie du froid et
du chaud sont tellement liées aux expériences comme aux observations que j'ai faites,
que je ne saurois les séparer sans les rendre
insignifiantes.

Rappellons-nous les expériences des vases
exposés en plein air par un tems calme et serein ; rapellons-nous les épreuves et remarques
faites sur le froid dans l'agriculture, nous
verrons qu'elles s'expliquent toutes aisément
par la résidence du frigorique dans les airs,
et qu'elles ne sauroient s'expliquer par la seule
absence du calorique.

Je reviens à un des phénomènes que j'ai

présentés ; celui par lequel dans une gelée de printems il ne gèle pas sur le penchant d'un côteau rapide, tandis qu'il gèle sur la plaine qui est à ses pieds, et plus encore sur celle dont il est dominé. Qu'on me permette d'expliquer ce phénomène par la chute du frigorique.

Supposons un mont isolé dans une plaine, tel qu'il en est beaucoup dans les ci-devant Auvergne et Velai, où les volcans sous-marins semblent les avoir fait naître ·en des tems reculés ; il représente en grand ce qu'est en petit un cône ou pain de sucre sur une table ; supposons encore un homme qui, un arrosoir à la main, verse de l'eau sur le cône et sur la table. N'est-il pas évident que si la surface du cône est à celle de sa base comme 3 sont à 1, l'eau qui tombera sur la surface du cône, sera à celle qui tombera sur chaque partie de la table représentant, par son étendue, celle de la base du cône, comme 1 est à 3. Supposons du frigorique tombant au lieu de pluie, il en tombera sur chaque partie de la montagne comme 1, tandis qu'il en tombera comme 3 sur chaque partie de la plaine, représentant par son étendue celle de la base de la montagne : supposons encore qu'il faille du frigorique comme 3 pour faire périr les tendres jets de la vigne,

vigne , il en résultera qu'il s'en faudra de deux quantités sur trois qu'il soit tombé sur le côteau assez de frigorique pour faire périr la vigne qui y végète , quoique celle de la plaine ait succombé.

Cette explication fort simple dit pourquoi dans les montagnes de la ci-devant Auvergne, où j'ai fait la plupart de mes observations, il fait moins froid pendant les gelées rigoureuses de 15 à 16 degrés , sur le penchant des montagnes que dans les plaines fertiles de la Limagne. Ces vastes monts qui s'élèvent sur la terre, ont une surface double ou triple de celle de leur base ; et lorsque le fluide est en pluie abondante et bien déterminée , les plaines doivent en recevoir une plus grande quantité que les flancs étendus de ces énormes colosses.

C'est également par la chute du frigorique que l'on explique pourquoi il gèle quelquefois de 4 à 5 degrés sur les montagnes , tandis qu'il ne gèle point sur les plaines qui sont à leurs pieds. Le fluide résidant dans les airs et tombant peu-à-peu sur la terre, doit atteindre la cime des montagnes avant d'arriver à la plaine, d'autant mieux que la chute de ce fluide se fait très-lentement, sans que je puisse cependant en déterminer la progression , n'ayant pas encore été à même de faire les expériences propres à la constater.

M. Gmelin dit qu'il avoit ordre de l'académie de Pétersbourg d'établir des correspondances par-tout où il pourroit afin de connoître , par des observations sur la température de la Sibérie , sa hauteur au-dessus de la mer. Je conviens que l'espoir des académiciens n'étoit pas fondé dans tous les points , parce qu'il est dans ce pays des causes de froid qui ne sont point ailleurs; toutefois cet ordre donné annonce que les savans du pays reconnoissoient la région supérieure pour être celle du frigorique. Au reste , tout le monde sait que même sous l'équateur , passé deux mille ou deux mille deux cents toises au dessus du niveau de la mer , il ne dégèle point , et que là est le séjour éternel des aquilons glacés.

Je prie mes lecteurs de ne pas perdre de vue que le système que je développe est , si je peux dire ainsi , à sa naissance; qu'il n'est encore qu'une statue grossièrement ébauchée qui attend des hommes à talens pour lui donner ses justes proportions. Combien qui donneront à ces foibles commencemens une extension digne d'eux ! Le frigorique sera par les physiciens manié , porté , pesé , divisé , inséré ou soustrait, et par des expériences réitérées et précises, faites en divers climats, ils parviendront à connoître, mieux sans doute que je n'ai fait, le lieu principal de sa résidence.

Tout le monde sait que l'atmosphère d'une montagne est plus froide que celle de la plaine qui est à ses pieds. Je suis monté sur le Puy-de Dôme en messidor an 5, avec un thermomètre à la main; il se soutenoit à Clermont à 29 degrés, à proportion que je montois, je voyois la liqueur descendre : arrivé à la cime du Puy, et ayant placé le thermomètre à l'ombre, la liqueur baissa jusqu'à 9 deg. au-dessus de zéro. Il me sembloit arriver dans la région du frigorique.

Dans l'automne de l'an 4 j'étois à deux lieues de ma demeure habituelle; il gela dans le pays où j'etois, assez pour former de la glace de 3 lignes. Je n'avois point fait fermer les plantes susceptibles de mon jardin, et je les crus perdues; soudain je montai à cheval pour voler à leur secours; mais à proportion que je descendois vers la plaine, je trouvois la terre moins dure, et dès que je fus dans une des premières plaines, voyant de la boue et de l'eau dans les fossés, je fus rassuré pour mes plantes qui restèrent encore un mois dehors sans accident : il n'y a pas vingt brasses de plus du lieu d'où je venois à la première plaine que je rencontrai.

Le 6 prairial an 6 , après avoir éprouvé des vents de nord impétueux , nous redoutions la gelée pour nos vignes qui en furent garanties par un léger vent de nord qui se soutint chaque jour au moment du soleil levant ; mais un de mes proches étant une de ces nuits-là dans une campagne à 4 lieues plus loin dans les montagnes inférieures , et voyant par-tout de la glace de 4 à 5 lignes d'épaisseur, crut que toute la Limagne étoit perdue. A son retour je fus un des premiers qu'il rencontra dans la plaine, et sa surprise, jointe au danger que nous avions couru le matin, fut pour moi une singulière jouissance.

Le 15 germinal an 7 , je partis de Saint-Antesme pour me rendre à Ambert, département du Puy-de-Dôme ; il geloit si rudement que mon compagnon et moi, qui avions sur le corps deux gilets d'hiver, un bon habit, une roupe et un manteau, qui de plus avions la figure enveloppée d'un mouchoir , ne pouvions nous réchauffer au milieu des neiges , quoique, tenant nos chevaux par la bride, nous gravissions à pied, sans nous reposer, une montagne extrêmement rapide. Le soir même nous

nous trouvâmes sur les rives d'Allier ; tout le pays étoit sans neige , et nous apprîmes avec étonnement qu'il n'y avoit point gelé ce jour-là.

Souvent il arrive aux habitans des montagnes , pour connoître la hauteur comparative des différens monts , de les examiner dans les jours froids du printems. Le cordon de neige , à leurs yeux, fait celui du nivèlement des montagnes, ce qui marque assez effectivement qu'à cette hauteur est la région où le frigorique l'emporte en ce moment sur le calorique , et qu'au-dessous le calorique l'emporte sur le frigorique.

Ces faits et mille autres de cette nature attestent que plus un pays est élevé , plus il est près de la région du frigorique. En vain l'on diroit que si l'atmosphère est plus froide sur un terrain élevé , c'est parce que l'air y est plus raréfié ; j'y répondrai d'une manière sans replique : hier sur telle montagne, après les soufles des vents de nord , il ne geloit pas ; le thermomètre même y étoit à 6 degrés au-dessus de zéro ; l'air y étoit raréfié hier comme aujourd'hui ; cependant sans que le tems ait changé ; sans que le nord ait soufflé plus vigoureusement, au contraire il s'est en partie calmé, cependant aujourd'hui, dis-je, il gèle de 5 à 6 degrés sur cette montagne. La raréfaction de l'air y étoit la même pendant ces deux jours, et voilà une variation de 12 degrés dans la température; d'où vient donc cette différence? De ce que le tems étoit couvert la veille et qu'aujourd'hui il ne l'est pas. Hier les nuages arrêtoient le frigorique, le recevoient et le gardoient dans leur sein; aujourd'hui le tems est serein et le frigorique tombe en pluie bien déterminée sans obstacle.

Ajoutons une observation. Ce même jour l'atmosphère des plaines inférieures étoit sans nuages et il n'y a point gelé; la cause en est facile à concevoir, c'est que le frigorique étant un fluide extrêmement volatil, ne descend sur la terre que très-lentement; s'il ne parcourt, par exemple, que 10 toises par heure, et que le soleil ne soit absent de dessus cette plaine que pendant dix heures, le frigorique ne descendra que jusqu'à 100 toises de son élévation de la veille, et si la veille il étoit à 150 toises, il ne faudra point s'étonner que tandis qu'il a gelé jusqu'à six degrés sur cette montagne élevée de 20 toises, il n'ait pas gelé à la surface de la plaine.

M. de la Condamine dit, dans la relation de son voyage en Amérique, que cherchant à mesurer un degré de la terre, il demeura plusieurs mois dans une tente sur le Pichincha;

que là malgré qu'ils fussent quatre à cinq personnes dans un espace très-étroit, malgré
qu'il y eût trois foyers d'allumés dans la tente,
le thermomètre s'y soutint à 5 degrés au-dessous de zéro. Ils étoient sous l'équateur, mais
à 2,430 toises au-dessus du niveau de la mer,
hauteur du Mont-Blanc, sur lequel en toute
saison il est impossible de monter. Cette différence nous prouve que la région du frigorique est plus élevée vers l'équateur ; car l'on a
de la peine à monter sur le Pichincha, mais
enfin l'on y monte et l'on y séjourne, au lieu
qu'il est impossible de monter sur le Mont-
Blanc en quelque saison de l'année que çe
soit. De-là je conclus, 1°. que la région du
froid est l'atmosphère, 2°. que le fluide dont
il est formé se rapproche d'autant plus de la
terre qu'il est plus près des cercles polaires,
et qu'enfin depuis les cercles polaires jusqu'au
pôle, il en est si près qu'il existe vraisemblablement un point de contact qui ne cesse jamais. Cette opinion est conforme aux relations
de tous les voyageurs, qui jamais n'ont pu
pénétrer vers le pôle sud au delà du 70e. degré, et vers le pôle nord au-delà du 78e.,
le reste de leur coupole étant couvert de glaces éternelles ; encore la possibilité d'atteindre

jusque-là n'a-t-elle eu lieu que dans des momens très-courts de l'année.

M. de la Condamine dit encore, que la ville de Quito, qui est à 1,460 toises au-dessus du niveau de la mer, est un séjour de printems perpétuel. La cime du Puy-de-Dôme dans la ci-devant Auvergne, n'a que 820 toises; les pics du Mont-d'Or, dans le même pays, n'ont que 1,048 toises et elles sont inhabitables en toute saison à cause de la rigueur du froid. Cependant le thermomètre à Quito se soutient à 1,460 toises, dit M. de la Condamine, entre le 14 et 15e degré au-dessus de la glace, température de Paris dans les beaux jours de mai; en montant ou descendant, dit ce célèbre académicien, l'on est sûr de faire monter ou descendre la liqueur du thermomètre, et de passer ainsi par la température de tous les climats, depuis 5 degrés au-dessous de la congellation jusqu'à 28 ou 29 au-dessus.

Il seroit difficile de trouver une relation plus persuasive et qui nous marque d'un trait plus saillant le lieu de la résidence du frigorique. En montant ou descendant l'on est sûr de faire monter ou descendre la liqueur du thermomètre et de passer ainsi par la température de tous les climats : qui peut se refuser de voir dans ces expressions la ligne simple et vraie de toutes les zônes, si je peux dire ainsi, tracées par le frigorique dans les différentes hauteurs de l'atmosphère.

Je ne doute pas qu'il fût possible de déterminer dans quelle proportion l'atmosphère se refroidit ; il suffiroit de placer au même instant, par un tems calme et serein, plusieurs observateurs avec des thermomètres à des hauteurs différentes. Les distances entre eux étant bien mesurées, les thermomètres bien gradués, bien observés, l'on obtiendroit la connoissance des proportions dans lesquelles le frigorique s'approche de la terre.

Sr. Henry rapporte qu'étant sorti de la ville de Moka pour pénétrer dans l'intérieur des terres, il fut très-heureux d'avoir acheté des fourrures pour son équipage, sans cette précaution, la moitié de ses gens seroient morts de froid ; ils étoient cependant entre le tropique et l'équateur, et à 16 degrés de ce dernier.

Ellis nous dit que dans les grands froids, tant que les rivières du nord de l'Amérique ne sont point gelées, il s'en élève un brouillard qui est glacé aussitôt que suspendu dans les airs ; que le vent du nord le poussant, il arrive sous la forme de petites aiguilles fines qui pénètrent les appartemens. J'ai remarqué ce brouillard blanc sur l'Allier en 1789, lors de la débacle des glaces ; je vis les petites aiguilles dont parle Ellis ; mais par un mécanisme différent de la nature, le brouillard s'élevoit de la rivière et se glaçoit aussitôt, mais ce n'étoit point par le froid qui tomboit de l'atmosphère, c'étoit par celui qui s'y élevoit d'après la fonte des glaces. Sitôt que le brouillard avoit atteint le frigorique à quelques toises d'élévation, il se changeoit en petites aiguilles que j'atteste avoir vues.

Ellis étant dans l'île de la Résolution, avant d'entrer dans la baie d'Hudson, vit des glaces de 15 à 1,800 pieds de hauteur ; elles sont, dit-il, des siècles à fondre et à voyager ; elles se forment sur les continens ; se détachent comme les avalanches et se précipitent dans la mer, où elles deviennent, en se fondant, les sources des courans impétueux. Il en vit une immensité d'autres de 36 à 40 pieds de hauteur, qui, se formant dans le cours d'un seul hiver, et voyageant sur les mer par légions innombrables, forment un spectacle en même tems horrible et ravissant. L'on est prévenu de leur approche par l'air qui se refroidit prodigieusement même dans les tems des plus fortes chaleurs.

Les physiciens, soutenant l'inexistence du

frigorique, expliqueront ce phénomène en disant que ces glaces, pour fondre, ont besoin d'une grande quantité de calorique, et qu'en attirant à elles tout celui de l'atmosphère qui les environne, elles produisent un froid local et apparent, mais qui n'est en effet que la diminution du calorique.

Quant à moi je dirai : l'action du soleil détermine le frigorique à quitter ces glaces voyageuses et à se répandre dans l'atmosphère environnante pour s'élever dans les airs ; de - là cette froidure sensible qu'on éprouve à l'approche de ces énormes blocs.

Mais, répondre ainsi, ce n'est que donner deux solutions différentes à la question et non point la résoudre. Voyons si dans la discussion nous serons plus heureux.

Il est certain que l'atmosphère des glaces est refroidie par elles ; dire que ce refroidissement est dû au dégagement du frigorique, c'est donner une solution positive ; dire qu'il est dû à l'absorption du calorique, c'est donner une solution négative qui ne doit acquérir la priorité sur la positive qu'autant qu'elle renfermeroit en elle un plus grand amas de preuves imposantes. Or, qu'on se souvienne de ce que j'ai dit, que l'on fasse attention à ce que je vais dire encore et à ce que je dirai dans les chapitres suivans, et l'on jugera facilement de quel côté sont les preuves les plus inté-ressantes.

Ou le soleil porte de la chaleur par lui-même ou il n'en porte pas : c'est dans cette double hypothèse que je vais examiner le phénomène dont il s'agit.

Si le soleil ne répand point de chaleur par lui même , il fond les glaces colossales des pôles en excitant, par le tact de ses rayons, le calorique à venir s'amonceler à leur sur-face et à les fondre. Dans ce cas je prétends qu'il doit s'établir un courant de calorique de tous les points de leur circonférence à leur centre , et que ce courant doit plutôt réchauf-fer l'atmosphère des glaces que la refroidir.

Laissez tomber une pierre de quelques toises de hauteur dans une rivière calme ou dans un étang, soudain elle fait un trou, s'enfonce et le fluide, pour s'équilibrer , se hâte de tous les points de la circonférence , pour réparer le vide qui s'est formé ; mais à proportion que les rayons s'approchent du centre, ils se ré-trécissent, et leur rétrécissement fait qu'à me-sure que l'eau approche du centre elle y est plus abondante ; aussi dès qu'elle est au centre, s'y trouvant en trop grande quantité pour rem-placer le peu que la pierre avoit entraîné dans sa chute, elle jaillit de plusieurs pieds, retombe sur elle-même , fuit vers sa circonférence et revient au centre plusieurs fois de suite , jusqu'à ce que le fluide ait repris son nivèlement ou son équilibre. Mais si, saisissant convenablement le point et le moment, on lançoit à propos une seconde pierre , puis une troisième, une vingtième , une centième, l'on parviendroit à donner à cette eau un tel ébranlement qu'elle se porteroit toute alternativement de la circonférence au centre et du centre à la circonférence. Or, telle est l'influence qu'auroit le soleil sur le calorique, si, par ses rayons il ne faisoit qu'attirer le calorique dont les glaces auroient besoin. Dans le premier instant donné, la glace absorbant du calorique comme un, il en arriveroit soudain de toute la circonférence au centre pour remplacer celui absorbé , et comme il seroit soutiré de tous les points à la fois, nécessairement il surabonderoit au centre ; mais ce seroit bien autre chose dans le second instant donné , dans le troisième , dans le vingtième , le centième, le millième ; bientôt enfin le calorique accourroit avec tant d'empressement, que la chaleur autour des glaces seroit insoutenable.

Que l'on ne me réponde pas que la parité n'est pas égale en ce que le calorique ne se meut pas avec la rapidité de l'eau d'un étang ; qu'importe sa promptitude .ou sa lenteur à se mouvoir? c'est toujours un fluide qui tend à s'équilibrer : que son courant se fasse plus ou moins lentement que tel autre fluide, ce n'est pas ce dont il s'agit ; il suffit qu'il paroisse évident que le courant s'établira comme je le dis, pour que la réponse que je donne ici soit vraie.

Si le soleil répand de la chaleur par lui-même, il ne restera pas moins constant que l'atmosphère de la glace ne doit point se refroidir par l'absorption du calorique.

1°. Dans cette supposition, les raisons que je viens de donner dans la réponse précédente, relativement à l'absorption du calorique de l'atmosphère, restent dans toute leur vigueur.

2°. Si les blocs de glace absorbent le calorique du soleil, ce bel astre dont la munificence ne se lasse jamais, y répandra ces feux par torrens. L'absorption qui s'en fera abondamment et sans relâche attirera tous les feux environnans, et tel le gouffre de Caribde ou celui de Scylla produit des courans d'eau salée en l'absorbant, telles ces glaces immenses tireront du calorique du réservoir incommensurable qu'il a dans les cieux ; et comme on n'oseroit dire qu'il se fait une sécheresse autour

de Caribde quand il engloutit l'onde amère ;
de même on ne sauroit prononcer qu'il se fait
un froid sensible autour de l'île glacée lorsqu'elle absorbe les torrens de calorique ; et
plus elle aura de force pour absorber, plus,
moi, observateur, placé au centre de la puissance attirante, je dois ressentir le courant
dec alorique.

Mais voulez vous faire disparoître d'un trait
cet amas de réflexions pour ainsi dire méta-
physiques, substituez au système d'absorption
du calorique celui de l'émanation du frigorique, tout devient facile alors, tout s'explique sans contradiction, sans raisonnement
alambiqué, sans effort. Les rayons du soleil
palpent ces îles cristalisées ; à proportion que
le soleil exerce sa bénigne influence, le frigorique qui servoit de gluten aux parties constituantes de ce petit monde flottant, se dégage,
s'élève et remplit l'atmosphère environnante,
jusqu'à ce que par sa volatilité il se soit élevé
dans les airs. L'eau qui résulte de la fonte du
jour, se mêle à l'onde profonde des mers,
et la quantité qui découle de ces amas innombrables, forme, comme dit Ellis, des fleuves
au sein de l'océan. C'est ainsi que le soleil,
appelé par tant de philosophes l'œil du monde,
et que je peux appeler le bras de la nature,

maîtrise à son gré le calorique et le frigorique.
Tantôt par sa puissance ce dernier s'éloigne
d'un corps qui en surabonde ; tantôt il en pénètre un que le calorique aura submergé. De
là naît doucement et sans efforts une harmonie constante , quoique variée sur tous les climats de la terre , et ce n'est pas sans plaisir
que je me vois d'accord sur ce point avec l'ini-
mitable auteur des études de la nature. *(Etude
dixième des mouvemens).* Après avoir mis en
parallèle deux logiciens, l'un voulant que le
froid soit cause de toutes les végétations, l'autre voulant attribuer le tout à la chaleur , il
ajoute : « cependant le chaud et le froid forment ensemble un des principes de la végétation , non-seulement dans les climats tempé-
rés, mais jusqu'au milieu de la zône torride. »

La retraite de l'un des fluides et l'intromission de l'autre se font par des transitions sages,
dont l'auteur suprême a placé la mesure dans
l'astre brillant du jour. Par lui le frigorique
est en lutte avec le calorique, le calorique avec
le frigorique ; et le vaincu cède le champ de
bataille au vainqueur ; ou pour dire mieux,
le modérateur universel a fait tout de telle
sorte , que toujours les deux fluides exercent
à-la-fois également ou inégalement leur puissance sur la surface du monde, suivant que

le

le soleil, dispensateur de leur force d'impulsion, les rend tour-à-tour victorieux ou les
établit égaux en force.

Un fait que je sens la nécessité de rapporter, quoique bien inférieur par son impor-
tance, annonce l'émanation du frigorique d'un
corps glacé autant que les îles flottantes de la
baie d'Hudson. Pour dégeler des fruits on les
plonge dans l'eau froide ; soudain il se forme
autour d'eux une croute de glace de plusieurs
lignes. Bientôt cependant cette glace se fond
et les fruits sont dégelés. L'explication de ce
fait est simple : l'attraction qui existe entre
le frigorique et l'eau, force ce premier fluide
à quitter les fruits pour s'unir au second ;
l'opération étant prompte, l'eau environnant
le fruit se glace à proportion que le frigorique
en sort ; mais bientôt la loi de l'équilibre des
fluides force le frigorique à se répandre en
quantités égales dans toutes les parties de l'eau ;
de-là vient le dégel de la croute de glace qui
s'étoit d'abord formée autour du fruit, et toute
l'eau acquiert alors une température froide en
proportion de sa masse et de celle des fruits
unie à leur froidure.

Je rapporterai à cet égard un passage du
même écrivain que je viens de citer (Étude ix).

«Le froid, disons-nous, est produit par l'absence de la chaleur; mais si le froid n'est qu'une qualité négative, pourquoi a-t-elle des effets positifs ? si vous mettez dans l'eau une bouteille de vin glacé, comme je l'ai vu faire plus d'une fois en Russie, vous voyez en peu de tems la glace couvrir d'un pouce d'épaisseur les parois externes de la bouteille ; un bloc de glace refroidit l'air qui l'environne. Cependant les ténèbres qui sont une négation de la lumière n'obscurcissent point le jour qui les avoisine. Si vous ouvrez dans un jour d'été une grotte à la fois obscure et froide, la lumière environnante ne sera point du tout obscurcie par les ténèbres qui y étoient renfermées; mais la chaleur de l'air voisin sera sensiblement affoiblie par l'air froid qui y est contenu. »

J'ai établi en principe que le frigorique, fluide extrêmement volatil, s'élève dans les airs par l'action du soleil, et que dès la disparution de cet astre à l'horison, il tombe vers la terre en s'emparant d'une portion aqueuse de l'atmosphère. Si ce que j'ai établi en principe est vrai, il doit en résulter que la région supérieure des airs est le lieu de la résidence du frigorique, et que l'atmosphère des pôles

et les pôles eux-mêmes le sont plus encore ,
étant sujets à éprouver une nuit qui dure six
mois , pendant laquelle le frigorique tombe
en abondance et continuellement sans que les
rayons du soleil l'excitent jamais à s'élever. Je
viens de prouver une partie de cette double
assertion en parlant de la froidure de l'atmosphère dans les régions élevées, comparée à
celle des régions qui leur sont inférieures, et
de ces régions élevées comparées entre elles
suivant qu'elles sont plus ou moins rapprochées
des pôles. Mais qu'il me soit permis encore
de faire quelques citations à cet égard.

M. Gmelin dit qu'à Jakustk, sur la rivière
de Léna en Sibérie, 62 deg. lat. n. , il fait si
froid, qu'un jour, quoique ce fût pendant un
hiver très-doux, il faillit à perdre le nez pour
avoir demeuré six minutes en traineau ; et il
donne pour certain que dans un hiver très-
rude, un Waiwode, allant de sa maison à la
chancellerie, qui n'étoit éloignée que de 20 à
25 brasses, quoiqu'il fût couvert d'une longue
pelisse et qu'il eût la tête enveloppée dans un
capuchon fourré, eut le nez, les pieds et les
mains gelés, et qu'on eut beaucoup de peine
à le faire revenir. Comment éprouveroit-on de
tels froids si le fluide qui le cause n'y étoit

rassemblé , entassé comme dans son réservoir commun?

Nous savons que les Hollandois, pendant l'hiver de 1676 qu'ils passèrent en Zélande , ne sentoient la chaleur du feu que lorsqu'ils étoient dedans.

Le même, M. Gmelin , dit que l'embouchure du Génissé dégèle ordinairement vers les premiers jours de juin , et qu'alors la mer est bientôt nettoyée de glaces. Il observe cependant que si lors même que les vents de terre ou de midi ont souflé pendant quinze jours , le vent de nord soufle seulement pendant vingt-quatre heures , cela suffit pour que les bords de la mer soient gelés , ce qui doit prouver , dit-il, *que la région du froid n'est pas éloignée*. Cet observateur ne devoit certainement pas attribuer tous les phénomènes du froid à l'absence du calorique ; il voyoit trop bien sous ses yeux le nord lui envoyer un fluide paralisant , coagulant , dont la résidence sembloit être là devant lui , à quelques centaines de lieues plus loin vers le pôle.

Son opinion s'accorde avec le rapport des Russes, qui plusieurs fois ont tenté vainement de passer au delà du 78e. deg. lat. n., et n'ont pu pénétrer plus avant à cause des glaces.

C'est-là que je fixerois , pour le pôle nord, le
point de contact du frigorique sur la terre ,
s'étendant de-là dans l'immensité de l'atmosphère ; mais ce qui achève de persuader que
la coupole des pôles est le séjour principal
du frigorique , est ce que nous dit le même
voyageur, que dès la fin d'août, l'on n'est
plus assuré de trouver un seul jour où la mer
ne soit point gelée. Pour qu'elle soit couverte
de glaces en un quart-d'heure , il suffit d'un
moment de calme et d'un froid médiocre. Ordinairement elle se dégèle plusieurs fois avant
l'hiver; mais toujours au premier octobre elle
est glacée pour le reste de cette saison , et souvent c'est avant cette époque.

M. Croyère, dans son voyage en Sibérie,
dit qu'il est descendu à plus de 200 werstes de
Jakustk , qu'il n'a pu y faire aucune expérience sur le froid , tous ses instrumens n'ayant
pu résister à la rigueur de la saison ; il a voulu
creuser la terre en été pour savoir jusqu'à
quelle profondeur elle étoit gelée , elle a résisté
aux coups répétés des bras les plus vigoureux,
et brisé les instrumens de fer les plus solides.

Barentz a observé dans la nouvelle Zemble,
que la terre y est constamment gelée dans la
plus belle saison , dès que l'on creuse à deux

ou trois pieds ds profondeur, et qu'elle y est aussi dure que le marbre.

C'est l'observation de M. l'abbé Chappe, en Sibérie, et celle de Ellis à la baie d'Hudson ; ce dernier dit que c'est une fable d'avancer en Europe que les Esquimaux vivent sous terre, puisqu'il seroit impossible à ces peuples, par le 62 lat. n., de creuser des fosses en terre avec les meilleurs instrumens.

Tous ces témoignages et mille autres, que je pourrois rapporter, démontrent que le fri- gorique a sa résidence principale sur la cou- pole des pôles et dans l'atmosphère qui les en- vironne. J'ajouterai que de-là il voyage dans toute l'étendue de l'atmosphère, et se soutient dans les airs tant que le soleil exerce une puis- sance assez vigoureuse sur lui, qu'il tombe sur la terre ou s'en rapproche lorsque le soleil n'est plus sur l'horison et que nul des obsta- cles dont je parlerai ne s'y oppose ; que lors- que l'été ou le jour du pôle sud arrive, par l'influence de la lumière le frigorique s'élève et fuit par torrens, traverse toute l'atmosphère et vient se reposer sur le pôle nord, et que lorsqu'arrive le jour du pôle nord, le frigo- rique, encore élevé par les rayons du soleil, surabonde dans les airs et de-là, traversant de nouveau l'atmosphère, il va se déposer sur le pôle sud.

J'espère que cette idée ne paroîtra point un vain produit de mon imagination, lorsqu'ayant fini la lecture de ce mémoire, on voudra se livrer à des méditations sur les phénomènes de la nature.

CHAPITRE IV.

La lumière met le frigorique en mouvement
et l'élève dans les airs.

Nous savons tous que le soleil dissipe les frimats ; que s'ils s'accumulent vers les pôles, c'est parce que ces deux portions du globe sont alternativement pendant plusieurs mois plongés dans une nuit profonde ; et que si les pôles reprennent de la chaleur, c'est parce que cet astre, le bienfaiteur de la nature, vient dissiper une partie du froid qui les enveloppoit et les retenoit dans un sommeil léthargique : mais le frigorique ainsi dissipé, n'est pas perdu, il s'élève, comme je viens de le dire, dans l'atmosphère où règne un océan immense de ce fluide, suspendu à plus ou moins de hauteur, suivant l'activité et la force du soleil.

Ce que je dis ici n'est pas sans fondement ; j'en démontrerai du moins une partie, savoir que le frigorique, mis en mouvement par le soleil, s'élève dans l'atmosphère et y forme

une nouvelle mer qui a ses abîmes et ses courans , dont la force , l'activité sont propor-
tionnées à celle de la lumière , et dont la dila-
tation est en raison inverse de celle de l'atmosphère , c'est-à-dire que ce fluide est d'autant plus condensé qu'il est plus élevé dans
les airs.

Mais abandonnons ces systèmes élevés qui
pourront un jour se développer plus heureusement ; tenons nous-en pour ce moment-ci
aux preuves matérielles de l'influence du soleil sur le frigorique ; il fuit devant la lumière,
et sa fuite est une ascension vers l'atmosphère.
C'est-là ma proposition.

Je dirai pour ceux qui rarement voient la
campagne avant le soleil levant, que, dans
toutes les saisons de l'année, l'heure à laquelle
il fait le plus de froid des 24 qui composent
le jour , est toujours celle avant le soleil levant. Cette règle n'est cependant pas absolument sans exception. Si dans le printems et
l'automne il fait de petites gelées , c'est toujours après l'aurore qu'elles ont lieu. J'ai vu
en l'an 6 , pendant 15 jours de l'automne , la
terre se geler régulièrement chaque jour avant
le lever du soleil. Je partois au grand jour
pour aller voir les travaux de quelques culti-

vateurs, je marchois sur une boue liquide, à mon retour la terre étoit ferme et congelée.

Placez un thermomètre à l'extérieur ; regardez-le sitôt qu'il sera jour ; si le tems est calme et serein, vous verrez la liqueur baisser graduellement jusqu'au lever du soleil ; alors elle remontera.

Dès que le soleil disparoît le soir en automne, si le tems est calme et serein, vous sentez le froid qui commence à tomber ; on se palpe les bras, les épaules ; les femme se touchent leur coëffure, et l'on dit, la rosée tombe, il fait froid, retirons-nous.

Au soleil levant l'on éprouve toujours dans les tems calmes et sereins, un léger vent d'est, c'est le frigorique qui voyage à la surface de la terre et à une certaine hauteur dans les air Voici une expérience à cet égard.

Le 4 prairial an 6, j'ai placé deux thermomètres de Réau., l'un à ma fenêtre du levant, l'autre à celle du couchant ; je les suspendis au montant de la fenêtre qui regarde le midi. Je les remarquai d'heure en heure pendant toute la nuit jusqu'après le lever du soleil. Le 4 prairial, à 10 heures du soir les deux thermomètres étant égaux, se trouvèrent à 8 deg. au-dessus de zéro. Ils baissèrent régulièremen[t] d'heure en heure de quatre dixièmes de deg., de façon que le 5, à trois heures du matin les thermomètres étoient à 5 deg. Il faisoit grand jour à trois heures et demie et le thermomè-tre du levant avoit baissé d'un deg. pendant cette demi-heure, tandis que dans tout le cours de la nuit il n'avoit baissé que de quatre dixièmes de deg. par chaque heure. Je regardai le thermomètre du couchant, il étoit resté à 6 deg. ; à 4 heures le thermomètre du levant eut baissé d'un degré et demi, c'est-à dire qu'il baissa depuis 3 heures jusqu'à 4 de 2 degrés et demi, et celui du couchant ne bougea point pendant cette heure, il resta à 6 deg; J'ai fait cette expérience plusieurs fois, et j'ai toujours eu des résultats, non pas les mêmes, mais dans le même sens. Si vous faisiez l'expérience en tems couvert, vous n'auriez aucun changement dans les thermomètres; j'en dirai la raison.

Il seroit difficile de faire une expérience plus précise pour marquer le courant du fluide au soleil levant; d'heure en heure les thermomètres observés se refroidissent également, parce que le frigorique tombe perpendiculairement. Dès l'aurore celui du couchant ne bouge plus, et celui du levant baisse subitement de 2 degrés et demi. Le premier est abri-té de la même façon que nous pourrions l'être le long d'un mur ou collés sur une porte au midi lorsqu'il pleut par le nord, et le second est comme un homme qui seroit collé le long du mur au nord.

Voici, d'après mon opinion, comment s'opère le courant de frigorique dans ce moment de la journée; Dès que le soleil éclaire la partie supérieure de l'atmosphère, il exerce sa puissance sur le frigorique qui y surnage. A proportion que le globe terrestre tourne d'occident en orient, les rayons du soleil plongent davantage dans l'atmosphère ; et l'angle qu'ils font avec le point de la terre où je suppose l'observateur, devient toujours plus aigu. La pression exercée par le soleil, d'un côté, et la terre qui résiste de l'autre, font une diagonale entre l'horison et le zénith. De-là le courant de frigorique d'orient en occident : dès que le soleil est sur l'horison, sa puissance exercée n'est plus une pression ; le petit vent frais cesse et le frigorique qui s'étoit reposé sur la terre s'élève graduellement et remonte dans les airs.

Après le coucher du soleil nous n'éprouvons pas le petit vent frais du matin, parce que le frigorique tombe perpendiculairement et sans pression, n'ayant d'autre chose qui détermine sa chute que l'absence du soleil et vraisemblablement l'attraction. Quelquefois par mille causes différentes, il n'a pas le tems de descendre abondamment jusque vers la terre avant le retour du soleil, et la température alors est plus chaude. Cependant si quelque vent impétueux ou des nuages ne s'opposent point à sa chute, si courte que soit la nuit, il s'approche assez de frigorique de la terre dans nos climats, pour que, le tems étant calme et serein, le courant de frigorique commence dès l'aurore.

Cependant il est des circonstances où, après le soleil couchant, l'on peut éprouver le courant de frigorique ; c'est lorsque la lune, étant à son plein ou à-peu-près, s'élève pendant la nuit des bords de l'horison par un tems calme et serein. Dès son aurore, si je peux dire ainsi, le vent frais et léger se fait sentir venant directement du point lumineux de l'atmosphère, et l'on en sent la force et la fraîcheur s'accroître avec la lumière ; il arrive enfin à sa plus grande froidure au moment où la lune présente son disque entier à l'horison. Cette action de la lune sur le frigorique, semblable à celle du soleil, m'a fait penser qu'elle n'étoit pas sans influence sur la température des saisons, comme l'ont prétendu plusieurs physiciens, et que le citoyen Bernardin de Saint-

Pierre avoit raison de penser qu'elle influoit sur la fonte des glaces polaires.

Je me permettrai une courte digression sur l'influence de cet astre : un soir, étant en voyage, je crus sentir une augmentation de froidure occasionnée par le lever de la lune ; soudain je formai la résolution de constater ce fait par une expérience, et dès le lendemain le tems étant calme et l'air serein, je fichai en terre une planche de 10 pieds de hauteur. Une de ses surfaces planes étoit tournée vers le point de l'horison où devoit paroître la lune. J'adaptai un thermomètre à chacune de ses surfaces : je fis mon expérience hors de la ville en plein champ. Quand la lune se fut élevée sur l'horison, le thermomètre qui se présentoit vers cet astre, baissa d'un degré et demi plus que celui qui étoit au revers de la planche ; par cette expérience j'eus la certitude de l'existence du courant de frigorique au lever de la lune, comme je l'avois eu par des expériences semblables de ce même courant au lever du soleil.

Lorsqu'on veut faire des expériences sur le courant de frigorique ou sur sa chute des airs, il faut choisir un tems calme et un air serein. Si l'air est agité ou le tems couvert, les expériences ne réussissent point ; l'agitation de l'air empêche que le courant dépose son fluide ; et les nuages au ciel , le reçoivent et l'empêchent de tomber jusqu'à terre.

Persuadé que le soleil opéroit comme je l'ai décrit plus haut, j'essayai, pour contenter ceux qui n'aiment que des démonstrations de cabinet , de composer une atmosphère artificielle , et d'y faire voyager le frigorique par le moyen des rayons du soleil , de la même façon que je croyois le voir dans l'opération en grand de la nature. Voici comme je m'y pris.

Le 2 nivose an 6 , étant à Issoire , département du Puy-de-Dôme, où j'ai fait presque toutes les expériences énoncées dans cet écrit, je composai un froid artificiel de 15 deg. au-dessous de zéro ; il geloit de 5 degrés ; mais le cabinet où j'opérois étoit à 5 deg. au-dessus de la congellation , ce qui faisoit, avec mon froid artificiel , une différence de 20 deg. Je pensai que le frigorique , suivant la loi des fluides, tendoit à s'équilibrer dans les corps environnans. J'adaptai une cornue au vase contenant le frigorique , je les lutai ensemble et les laissai trois heures dans cet état. N'ayant point de thermomètre assez petit , je ne pus en introduire dans la cornue pous m'assurer de sa température, je n'en jugeai que par à-pen-près, et lorsque j'eus vu sa capacité inté-rieure garnie de ciselures glacées, je jugeai que c'étoit le tems d'opérer ; mais il étoit onze heures et demie du soir, je ne pouvois me ser-vir des rayons du soleil; j'eus recours à des lumières : j'en plaçai huit autour du ventre de la cornue. Elle étoit disposée de façon qu'elle avoit son ouverture dans l'ombre. Un petit vase plein d'eau étoit placé sous cette ouverture à 9 lignes de distance. L'eau étoit à la température de 3 deg. et demi au-dessus de zéro.

Après un quart-d'heure d'attente, les cise-lures de la cornue s'étant dissipées, je déran-geai l'appareil et plongeai le petit doigt dans le vase pour voir si son eau étoit gelée ; mais étant trompé dans mon attente, je reposai la cornue sur le vase de frigorique dans la réso-lution d'opérer le lendemain avec le soleil s'il paroissoit ; espérant que si je n'avois pas réus-si, c'étoit peut-être parce que la lumière des flambeaux n'avoit point la puissance de celle de cet astre; mais lorsqu'avant de me coucher j'allois jetter l'eau du petit vase, je fus très-surpris de la trouver glacée. J'osois à peine

l'attribuer

l'attribuer au résultat de la cornue : les filamens de glace partoient de tous les points intérieurs du vase pour se réunir à sa surface.

Le lendemain j'attendis vainement le soleil,
il ne parut point. Je réitérai l'expérience avec
des lumières et j'eus le même succès quoique
le réservoir de frigorique ne fut qu'à 3 deg.
et que l'eau sur laquelle j'opérai eût 1 degré
et demi de chaleur de plus que celle de la
veille.

Je ne sais si je m'abuse, mais j'ai cru avoir
imité, à peu de chose près, l'action du soleil
sur le frigorique. Le fluide contenu dans la
cornue a voulu fuir devant la lumière, et ne
trouvant d'issue que l'ouverture de la cornue
plongée dans l'ombre, il s'est échappé par-là;
mais au lieu de se mettre en équilibre avec
l'air du cabinet qui étoit à cinq degrés au-
dessus de la congellation, ce qu'il auroit dû
faire, la cornue étant à 9 lignes de distance de
l'eau, il s'est uni de préférence avec ce fluide,
à cause de l'affinité qu'ils ont entr'eux; affinité que je démontrerai dans le chapitre suivant.

J'ai dit que la glace formée dans le petit
vase partoit par filamens de tous les points
intérieurs pour se réunir à la surface de l'eau ;

c'est la même forme que celle dont j'ai parlé et que j'ai obtenue dans un flacon surmonté d'un entonnoir de verre sans douille. La différence de ces glaces à celles qui se forment dans les congellations ordinaires, vient de ce que dans celles-ci le frigorique tombe paisiblement et avec moins de pesanteur que le plus léger atôme de neige, et reste à la surface de l'eau pour s'y insinuer peu-à-peu ; au lieu que dans les autres, il se précipite sur l'eau comme une espèce de torrent qui ne s'arrêtant point à la surface, va jusqu'au fond, et commence à exercer sa puissance sur tous les parois intérieures du vase.

Je m'arrête ici pour quelques réflexions non pas sur le cours du frigorique dans les airs, mais sur son existence qui pourroit être encore contestée.

L'on pourra m'objecter que l'expérience de la cornue ne prouve point l'existence du frigorique. L'on dira, la cornue ayant demeuré quelque tems adaptée au mélange de froid artificiel, y a perdu tout son calorique ; de-là on l'adapte au petit vase plein d'eau, elle en retire à son tour le calorique à son profit, et l'eau privée de ce fluide, reste glacée.

Le calorique du vase, dans cette hypothèse,

est soutiré ou par la cornue, ou par l'air qu'elle renferme, ou par les deux ensemble. Je ferai voir qu'il ne peut l'être ni par l'un ni par l'autre.

1°. Si la cornue a du calorique à soutirer de quelques corps, c'est sans doute de ceux qu'elle touche et de ceux qui en ont le plus. Or, elle touche immédiatement plusieurs corps qui ont plus de calorique que le vase, et le vase ne la touche point, donc ce n'est point du vase que la cornue doit tirer le calorique qui peut lui manquer.

En refaisant cette expérience, j'ai assis le ventre de la cornue sur des linges chauds, presque brûlans, en outre les huit lumières réchauffoient sans doute l'atmosphère environnant la cornue ; tout cela touchoit ce réservoir de frigorique ; l'eau du vase, au contraire, étoit à un pouce de distance, elle étoit à 4 deg. au-dessus de zéro. Peut-on raisonnablement soutenir que la cornue pour obtenir le calorique qui lui manquoit, a négligé celui de son atmosphère et celui des linges chauds pour solliciter celui du petit vase? L'on auroit d'autant plus tort de le prétendre, que l'eau du vase étoit déja glacée que les linges avoient à peine éprouvé de l'altération dans leur chaleur.

2°. Si l'on veut dire que c'est l'air de la cornue qui soutire le calorique du vase, la proposition n'est pas plus vraisemblable.

L'air de la cornue n'est pas en contact immédiat avec le vase, mais avec l'air atmosphérique ; c'est donc là et non dans le vase qu'il doit puiser le calorique qui lui manque ; à proportion qu'il en obtient il se dilate ; mais en se dilatant il devient plus léger, et au lieu de descendre jusqu'au vase il s'unit à l'air atmosphérique pour s'y élever. D'ailleurs les lois de l'affinité des corps veulent que l'air de la cornue s'adresse plutôt à l'air auquel il est joint, pour en obtenir le calorique dont il a besoin, qu'à une matière opaque qu'il ne touche pas immédiatement ; elles veulent aussi que cet air s'adresse de préférence aux corps qui contiennent le plus de calorique. Or l'atmosphère de la cornue est réchauffée par huit lumières ; cet air est une matière homogène avec celui de la cornue ; ils se touchent immédiatement et pour ainsi dire ne font qu'un même corps : reste-t-il encore probable que l'air de la cornue ait soutiré tout le calorique de ce pauvre petit vase qui en a si peu, et qu'il ait négligé celui de l'air avec lequel il étoit en communication ? Je croirois bien plutôt que c'étoit au petit vase qu'il appartenoit de soutirer et de s'approprier une partie du calorique de l'air atmosphérique réchauffé par les bougies, et de la cornue réchauffée par les linges.

Je pourrois ajouter, quoique bien inutilement, à ces réponses celle-ci. Si la cornue et l'air qu'elle contient, ont la puissance d'attirer le calorique de l'eau du vase, l'eau du vase n'auroit-elle point la puissance d'attirer celui de ce vase, le vase celui de la table qui le supporte, la table celui de l'appartement, l'appartement celui du réservoir commun ? et pourquoi cette eau, pouvant ainsi réparer ses pertes, se congèleroit-elle ? Tout ce qui l'environne a du calorique plus qu'elle. On veut qu'elle soit privée de tout le sien, et qu'elle n'ait pas la puissance d'en soutirer à son tour des corps qui en surabondent ; ce seroit donc ici comme chez les brigands, où le foible seul, est dépouillé par tous. Mais la nature n'entend point ces injustes répartitions, et les vices moraux n'expliquent point les phénomènes de la physique.

Je pense que, d'après ce qu'on vient de lire, il n'est plus possible de soutenir que la glace du petit vase soit l'effet de la soustraction de son calorique par la cornue. Il faut nécessairement recourir à une autre cause ; cette cause est le frigorique chassé par la lumière, on ne sauroit plus en douter ; son existence est donc démontrée, c'est donc moins sur elle que nous devons à l'avenir poursuivre nos recherches, que sur les effets de ce fluide; je reviens donc à son cours habituel dans les airs d'après les impulsions qu'il reçoit des rayons du soleil, ordonnateur en chef et même principe *matériel* de tout mouvement.

Muschembrock dit qu'il ne gèle point en Hollande par les vents du nord ; mais qu'après que ces vents se sont calmés, il gèle par les vents de sud. L'on prétend, dit-il, que si ceux-ci procurent des gelées, c'est parce que pour arriver en Hollande ils traversent des monts d'Allemagne sur lesquels ils se refroidissent.

Il faut nécessairement chercher une autre cause que celle dont parle Muschembrock, car il en résulteroit que les monts d'Allemagne sont plus froids que le nord d'où arrive le vent en premier lieu. Voici comme j'explique ce phénomène.

Les vents de sud apportent avec eux du calorique, les vents du nord du frigorique; prétendre l'opposé c'est renverser tous les principes ; cependant le phénomène qui étonna le célèbre Muschembrock, nous étonne tous les ans dans les fortes gelées d'hiver.

J'ai dit que je prouverois l'affinité de l'eau avec le frigorique ; je peux ajouter que ce dernier fluide est également en grande affinité avec les sels neutres, peut-être même y a-t-il quelque chose de plus que de l'affinité ; il doit donc s'exercer une grande attraction entre les eaux de la mer et le frigorique ; de-là vient que lorsque les vents de nord, pour arriver à un point de la terre, ont de vastes mers à traverser, ils doivent y arriver dépouillés d'une partie de leur soporifique influence. Je suis si persuadé de ce que j'avance, que j'oserois assurer qu'en faisant des observations en différens pays, l'on découvriroit que le froid y est d'autant plus rigoureux que les vents de nord, pour aller jusqu'à eux, ont moins de mers à traverser. Je démontrerai en partie cette vérité quand je traiterai de l'affinité de l'eau et du frigorique : bornons nous pour le moment à expliquer, par l'influence du soleil, le phénomène dont parle Muschembrock.

L'explication que je donnerai pour la Hollande, je la donne pour plusieurs pays de l'Europe qui ont des mers à leur nord. Quoique les vents de ce pôle soufflent au printems ou dans les premiers jours froids de l'hiver, ce n'est pas une raison pour qu'il gèle ; mais s'ils s'appaisent et si le tems s'éclaircit, alors ils commencent à exercer leurs funestes ravages. Le frigorique a coulé par torrens du nord au sud ; il est suspendu à quelques centaines de pieds dans les airs, et dès que le vent s'appaise il se dispose à descendre sur la terre : semblable à ces fleuves impétueux qui, roulant des eaux bourbeuses, ne déposent des vases que dans les lieux où le courant est arrêté ou ralenti. Dès que le soleil, qui tient le frigorique élevé dans les airs, disparoît, ce fluide commence à effectuer sa chute sur la terre, pourvu que le courant du nord au sud soit ralenti ; mais dès qu'il est entièrement arrêté et que le frigorique a voyagé assez avant vers le sud, il se fait un changement singulier dans l'atmosphère que tout le monde peut remarquer ; le vent devient ce que les cultivateurs appellent *solaire*; c'est-à-dire qu'il est *est* le matin, *sud* à midi, *ouest* le soir, et *nord* toute la nuit; il nous paroît à nous, habitans des villes, sud tout le jour. Nous nous levons tard, et fussions-nous sur pied le matin , nous restons dans nos maisons ou dans nos rues ; s'il est une époque de la journée où nous sortions , c'est environ midi , le vent est sud , il est cependant glacial et nous disons : il gèle par le vent de sud ; mais en effet dans ces tems-là il gèle par les vents de tous les points de l'horison. Pendant la nuit l'absence du soleil fait que le courant du frigorique s'établit du nord au sud ; le matin le soleil paroissant à l'est, exerce sa pression sur le frigorique ; et le vent nous arrive sud-est ; et le soleil parcourant tous les points de l'horison depuis le sud-est jusqu'au sud-ouest, le vent se conforme constamment tout le jour à l'impulsion de ses rayons. Ce phénomène nous arrive ordinairement lorsque le soleil est peu éloigné du tropique qui nous est opposé. Ses rayons sont obliques pour nous , et ils exercent sur le frigorique, en le touchant, une pression à-peu-près semblable à celle dont j'ai parlé en expliquant la cause du léger vent d'est qui se fait sentir en toute saison au soleil levant. Ce vent donc qui se fait sentir à midi n'est pas un vent de sud ; je veux dire que ce n'est pas un vent qui vient du tropique ou de l'équateur, c'est seulement un refoulement de frigorique opéré par le soleil. Ce fluide, pendant l'absence du soleil, tend à envahir ses domaines, et lorsque ce brillant dispensateur du jour remonte sur notre horison, il repousse vers les climats qui lui sont affectés, un fluide qui ne doit pas aller plus avant. C'est ainsi que souvent pendant quinze jours d'hiver le frigorique lutte avec le soleil et le soleil avec le frigorique ; et malheur en ce cas, au champ de bataille où ces deux champions exercent leur vaillance. C'est-là que le frigorique vaincu tombe à flots, et de son vaste corps il foule nos moissons, nos fruits et nos vendanges.

L'on pourra m'objecter que pendant la durée de ces vents de sud, il gèle plus la nuit que le jour, que cependant je suis convenu d'une part qu'il ne geloit point par les vents de nord, et d'autre part que ces vents de nord souffloient pendant la nuit dans les tems que pendant le jour il gèle par les vents de sud. L'on me dira que je suis en contradiction avec moi-même.

Je réponds : 1°. que si j'ai avancé qu'il ne geloit pas par les vents du nord, c'étoit seulement lorsqu'ils duroient peu de jours ; mais lorsqu'ils continuent à souffler, sur-tout en hiver, il est de la connoissance de tout le monde qu'il gèle par les vents de nord. Mais j'ajoute volontiers que lorsqu'il gèle par les vents de sud, ordinairement le froid est long et rigoureux ; la raison en est sensible. Pour qu'il gèle par le vent de sud, il faut que le nord ait charié bien avant ses frimats, et s'il les a lancés fort avant dans le midi, n'est-il pas évident qu'il doit en tomber plus abondamment et plus longtems sur nous?

2°. Le vent du nord, que je dis souffler pendant la nuit, n'est qu'une légère agitation dans l'air qui ne vient pas du pôle nord ; c'est le frigorique qui profite de l'absence du soleil pour aller s'équilibrer vers le midi. Ce fluide là ne s'est pas longtems balancé sur les mers, il n'a rien perdu de sa malignité.

3°. Lorsqu'il gèle par les vents de sud, il doit geler nécessairement plus fort pendant la nuit que pendant le jour, La raison s'en déduit d'elle-même de tout ce que j'ai dit. Quoique le soleil repousse pendant le jour le frigorique vers le nord, son influence ne laisse pas que de le tenir en partie suspendu dans les airs, au lieu que pendant la nuit il s'établit, 1°. un courant de frigorique plus âpre encore que celui du jour, puisqu'il est du nord au midi ; 2°. la puissance du soleil ne tenant point le frigorique suspendu dans les airs, il tombe d'autant plus volontiers, que celui qui

est déja sur la terre est une nouvelle attraction pour lui. Il me semble donc voir, dans
ces jours malheureux d'hiver, le frigorique
repoussé vers le nord par le soleil, suspendu
sur nos têtes par l'influence de cet astre,
n'attendre impatiemment que sa retraite pour
exercer sur nous des ravages nouveaux ; et
voir d'autre part le soleil en courroux se hâter
le lendemain, dès le commencement de sa
carrière, de repousser les frimats pour les empêcher d'arriver jusqu'à l'équateur, région
brûlante où sa force établit l'empire du calorique. Là bientôt le frigorique dispenseroit la
mort à tout ce qui vit ou respire, tandis que
le soleil en le repoussant vers le nord, apporte
à des climats plus rudes la force, l'abondance
et la santé.

Qui peut se refuser en effet de voir le frigorique et le calorique mis en action par la
lumière du soleil et des astres du firmament,
se disputer à qui des deux répandra son fluide
avec plus d'abondance pour donner la vie à
la nature? C'est de l'un et de l'autre que se
composent l'harmonie et les températures de
notre globe. Là le souverain modérateur conserve à chacun le droit qui dès le commencement des choses lui fut assigné ; et, par la
loi des équilibres, il contient sagement le zèle

indiscret des deux puissances. De cette modération naissent les diverses températures des climats qui donnent la vie à tant d'animaux et de végétaux d'organisation et de tempéramens variés.

Ce que je dis ici ne doit pas être regardé comme une description idéale et absolument étrangère à mon sujet. Une fois l'existence du frigorique adoptée, l'on reconnoît comme conséquence la vérité de mon système. J'ai fait même quelques expériences qui démontrent assez nettement que les températures diverses sont le résultat d'un composé ou mélange de calorique et de frigorique : de ces diverses expériences j'en citerai une seule assez probante.

Le 23 nivose an 6, il dégela et le soleil sembla se disposer à paroître ; je remplis un vase de neige, sous lequel étoit une boule d'étain garnie d'eau bouillante ; je lutai à ce vase le cou d'une cornue ; je pensois que la chaleur détermineroit le frigorique à quitter la neige et à s'élever dans la cornue. A 11 heures le soleil paroissant de tems à autre, mais foible et pâle à cause des nuages suspendus dans les airs, je portai ma cornue au soleil, il n'y avoit point encore de neige fondue dans le vase auquel je l'avois adaptée : je plaçai la cornue dans la même position relativement au soleil, que je l'avois fait relativement aux lumières. Quand je plaçai le petit vase sous la cornue, la température de l'appartement étoit de 8 deg. elle s'éleva dans le quart-d'heure que j'opérai à 11 : l'eau servant à l'expérience étoit à 6 degrés.

Après un quart-d'heure je mesurai la température de l'eau placée sous la cornue, elle fut de 5 deg. ; je mesurai l'eau qui avoit servi à remplir le vase, elle étoit à 7 degrés. Cette eau avoit donc acquis un degré de chaleur ; l'air atmosphérique en avoit acquis 3, et l'eau exposée à l'insuflation de la cornue en avoit perdu un. La puissance de la cornue avoit donc été de deux degrés ; donc la variation de la température de ces deux eaux venoit à l'une, de l'accroissement du frigorique, à l'autre de l'accroissement du calorique. Je dis plus, si l'eau du petit vase ne descendit pas à 4 deg. au lieu de 5 ; ce fut par l'intromission d'un degré de calorique qui en chassa un de frigorique ; d'où j'ai cru devoir conclure que toutes les températures sont composées d'une certaine quantité de calorique et de frigorique, et que ces deux fluides répandus dans et autour du globe, constituent le froid, le tiède et le chaud, suivant la dénomination que nous leur donnons par nos sens diversement affectés ; qu'ils sont par portions plus ou moins fortes dans les animaux, les végétaux, les minéraux, les fleuves, l'air, les nuages, en un mot dans tout ce qui est soumis à l'influence de la nature.

CHAPITRE V.

*Le frigorique est en très-grande affinité avec
l'eau.*

Je n'ai jamais obtenu de frigorique, quelqu'expérience que j'aie faite, sans qu'il fût uni à l'eau. Exposez, sur un piédestal élevé, un bocal de verre bien sec ; s'il présente son ouverture au zénith, il se remplira de frigorique accompagné de ciselures qui annonceront que pour descendre il s'est uni à l'eau.

L'expérience de la cornue, que j'ai rapportée, par laquelle on voit le frigorique aller s'unir à l'eau de préférence à l'air atmosphérique, est une preuve assez sensible de l'affinité de ces deux fluides.

Le froid cuisant que nous éprouvons en nous mouillant les mains en tems de gelée, vient de l'union qui se fait soudain sur notre chair du frigorique avec l'eau.

La fraîcheur que nous éprouvons en été, en arrosant nos appartemens, annonce l'attraction qui s'exerce entre le frigorique et l'eau. Le zéphir rafraîchissant qui se fait sentir près

d'une

d'une cascade, le froid aux pieds occasionné,
par leur humidité, le secours porté aux végétaux gelés par le moyen de l'arrosement,
tout annonce l'affinité de ces deux fluides : je
dis même qu'il paroît que de tous les corps,
l'eau est celui que le frigorique préfère. Je
dis il *paroît*, parce qu'il se pourroit, d'après
ce que j'ai vu sur un buis, qu'il y eût des
plantes qui, plus que l'eau, eussent la vertu
de l'attirer. Certains sels peuvent avoir les
mêmes avantages. Comment les sels neutres,
par exemple, auroient-ils la faculté d'augmenter le froid de l'eau, s'ils ne renfermoient en
eux-mêmes du frigorique, ou s'ils n'avoient
par excellence la faculté de l'attirer ? Bientôt,
certainement, on s'assurera du doute que je forme ici ; bientôt des mains habiles nous dé-
montreront ou la faculté attractive des sels
neutres envers le frigorique, ou leur faculté
conservatrice de ce fluide. D'une part, nous
voyons l'eau être en grande affinité avec le frigorique, et même en état de glace dissoudre
les sels neutres ; de l'autre, nous voyons ces
sels, en se dissolvant, fondre la glace et en augmenter le froid ; comment se défendre alors
de penser qu'il existe une grande affinité entre
le frigorique et les sels neutres ? Qui de nous
ne s'est pas étonné du froid cuisant qu'il a pu

ressentir l'hiver soit en touchant du sel humide, soit en touchant du sel sec ayant les doigs humides ? Il existe encore un autre rapport entre eux. Des sels neutres ou tout alkali répandu sur la terre, la fume, lui sert d'engrais : la neige a cette propriété. Je connois des cultivateurs qui, pour engraisser leurs prairies, les inondent en automne, et les laissent se geler tant que la nature le commande.

Mais revenons à prouver que certains végétaux sont en grande affinité avec le frigorique. Un soir, craignant la gelée pour mes plantes susceptibles, je touchai des écheveaux de fil que l'on écartoit ordinairement sur un buis pour les blanchir ; il étoit nuit, les étoiles brilloient au firmament ; je fus extrêmement surpris de trouver les écheveaux glacés ; je touchai la terre, je la trouvai humide : je touchai des écheveaux écartés sur des poiriers, ils étoient flasques et mous. Soudain je remplis deux vases d'eau, l'un fut placé sur le buis, l'autre à terre, bien exposé au nord. Le lendemain matin l'eau de ce dernier vase étoit liquide, celle du sombre végétal avoit une glace de 2 lignes et demie d'épaisseur.

Ceci me rappelle ce que dit M. Barker sur la manière dont à Malabar, Mortagil et Calcuta, situés entre le 25 deg. et demi et le 23 et demi de lat. n., pays où peu de personnes ont vu de la glace naturelle, on s'en procure cependant en suffisante quantité pour remplir les glacières. L'on fait dans une plaine un trou de 30 pieds carrés et 2 pieds de profondeur ; l'on y met une couche d'un pied de cannes à sucre et de tiges de maïs ; l'on y range des vases remplis d'eau bouillie. Quand le ciel est serein, quoique l'air soit chaud en apparence, souvent au point du jour l'eau est toute couverte de glace ; mais si la nuit est froide et le ciel caché par les nuages, l'eau ne se gèle point. M. Barker dit que cela peut s'expliquer de deux manières ; savoir, 1°. que la couche de ces végétaux morts, empêche la chaleur de la terre de communiquer aux vases ; 2°. que ces vases étant à un pied plus bas que le terrain, le vent n'agite point la surface de l'eau.

La première raison peut avoir quelque fondement ; mais la seconde est à-peu-près nulle ; en ce que dans les tems de température moyenne, il ne gèle jamais pendant la nuit s'il y a du vent. Mais voici des vérités fondées sur l'expérience ; 1°. il y a entre les cannes à sucre, les tiges de maïs, la paille de seigle et de froment une attraction avec le frigorique ; 2°, j'ai dit qu'on observe généralement dans la campagne que s'il y a un lieu seulement de 10 pieds

carrés qui fasse un peu cul-de-lampe, le frigorique s'y précipite avec empressement et comme
par choix ; les pommes de terre, les haricots,
les ceps de vigne tout y périt ; 3°. l'eau est en
affinité avec le frigorique, voilà les trois raisons pour lesquelles les habitans du Malabar
remplissent aisément leurs glacières.

J'ai dit que la paille de seigle et de froment
avoit la même vertu que les tiges de maïs ; de
là vient qu'un toit de paille est plus frais en
été et plus chaud en hiver que les tuiles et
les ardoises de nos maisons. La providence a
voulu que le pauvre sous le chaume eût des
bienfaits de la nature, inconnus aux habitans
des palais. Si le chaume est plus frais en été,
c'est parce qu'il attire le frigorique, le fixe et
par-là conserve toujours une douce fraîcheur ;
s'il est plus chaud en hiver, c'est encore parce
que le frigorique, s'y fixant, ne descend pas
jusque dans nos maisons. C'est ainsi que dans
la Sibérie les habitans arrêtent les torrens de
frigorique en se faisant des portes et des fenê-
tres avec des plaques de glace coupées dans les
premiers fleuves qui se gèlent.

Ces plaques glacées fixent le frigorique et
l'empêchent d'aller plus avant. Certaines personnes conservent leurs fruits en hiver en écar-
tant un drap mouillé dessus. Est-il une fois

glacé, c'est une enveloppe impénétrable au frigorique. Je suis persuadé qu'un homme qui se construiroit une cabane enveloppée d'une épaisse couverture mouillée, se garantiroit du froid, autant que celui qui seroit sous un toit. Mais revenons à l'affinité du frigorique et de la paille. J'ai appris que les cultivateurs, pour garantir en pleine campagne des pommes de terre de la gelée, les couvrent de deux pouces de vanure de froment. Cette épaisseur suffit pour fixer le frigorique; j'ai vu des appentis de paille le long des murs d'espaliers; la gelée survenoit en vain; les fruits ne prenoient aucun mal. Les feuilles mortes ont également la propriété de fixer le frigorique; les jardiniers s'en servent pour couvrir leurs plantes susceptibles, et je me souviens que taillant, un espalier en avril 1795, grand et funeste hiver, sentant quelque chose sous le pied, j'y portai la main; c'étoit une poire de martin-sec parfaitement conservée; je fouillai sous les feuilles, j'en trouvai une demi-douzaine; il ne s'étoit pas conservé un fruit dans nos meilleurs fruitiers. De plus, cette poire n'y passe guère le mois de janvier.

De ces observations je conclus que certaines plantes ont une grande affinité avec le frigorique, comme il en est qui ont plus d'affinité avec le calorique; tel le bois de cotonnier que Robertz dit s'enflammer dans les îles du Cap-Verd par le seul frottement. Cependant il paroît jusqu'à cette heure, que l'eau est de tous les corps celui auquel il se fixe de préférence, et je vais continuer d'en donner des preuves qui ne laisseront aucun doute.

Si le ciel est couvert, il ne gèle pas dans les tems ordinaires, à moins que la terre n'ait été précédemment gelée et ne le soit encore. Le frigorique s'attache aux brouillards et reste suspendu avec eux, ou s'attache aux nuages, et les vents les charient en des climats lointains. S'il n'y avoit pas de chute de frigorique, une atmosphère couverte de nuages ne seroit en aucun tems une cause de ce qu'il fît moins de froid. Nous savons tous, au contraire, que les rayons du soleil échauffent la terre, et que lorsque l'atmosphère est couverte de nuages, le soleil ne peut palper la terre de ses rayons. Cette seule remarque, que tout le monde peut faire, me semble absolument démonstrative. Ce sont les rayons du soleil qui réchauffent la terre et tout ce qui vit par elle. Cependant après le souffle des vents de nord il fait moins froid si le ciel est couvert de nuages que s'il est net et transparent. Il devroit arriver précisément le contraire; le froid

devroit s'accroître d'autant plus qu'il manque-
roit à la terre le feu du soleil qu'elle attend.
Cette différence n'établit-elle pas l'existence
d'un fluide qui tombe des airs pour refroidir
la terre ? lequel fluide étant arrêté par les nuages ne peut arriver jusqu'à nous.

Vient-il à geler après quelques jours de
chaleur, l'eau des fleuves étant plus chaude
que l'atmosphère, il s'en élève un brouillard
qui s'étend sur leurs rives. Ce brouillard suffit pour garantir de la gelée tous les végétaux
qu'il couvre ; de-là vient que les vignes situées
sur les bords des fortes rivières sont moins su-
jettes aux gelées de printems et d'automne.

J'ai vu dans mon pays un prunier qui, malgré l'hiver de 1795, qui tua dans leur enveloppe toutes les fleurs des arbres à fruit, fleurit très-bien et donna des fruits de bonne
qualité. Il vit sur les bords d'une rivière qui
fait à ses pieds une chute de 25 à 30 pieds de
hauteur ; cette chute occasionne une vapeur
ou brouillard continuel qui couvre le prunier
pendant l'hiver et le printems.

Il fut un tems où dans mon pays les gelées
printanières étoient si fréquentes que l'on payoit
un homme pour passer les nuits au clocher
pendant deux mois de cette saison. Voyoit-il
après quelques vents de nord le tems se cal-

mer et s'éclaircir, il sonnoit le tocsin ; chacun couroit à sa vigne avec du feu et de la paille mouillée ou de la litière fraîche ; on posoit cette paille mouillée ou cette litière à l'orient de la vigne ; trois quarts-d'heure avant le lever du soleil on y mettoit le feu ; une vapeur épaisse planoit sur la vigne , et la défendoit de la gelée qui ravageoit tout ailleurs

J'ai vu des personnes conserver par ce procédé des fruits de jardin ; mais cette méthode entraîne avec elle l'inconvénient d'endommager quelques plantes. Pensant que c'étoit moins la chaleur de la paille brulée qui conservoit les fruits, que le brouillard qui fixoit le frigorique, j'ai jugé que d'arroser les plantes après la chute du frigorique, c'étoit leur porter à-peu près le même secours ; je l'ai fait et m'en suis bien trouvé. Mais qu'il me soit permis de dire ici pour ceux qui, lisant ce mémoire, voudroient profiter de la méthode, qu'il faut observer deux choses sous peine de tuer les fruits au lieu de les sauver ; 1°. de n'arroser qu'autant que vous jugez que par l'apparition du soleil le tems va être au dégel ; 2°. de n'arroser qu'un instant avant le soleil levant, ou pendant, ou peu de tems après. Si vous arrosiez demi heure avant, par exemple, vous donneriez à votre arbre mouillé une attraction pour le frigorique, beaucoup plus grande que celle qu'il avoit; votre eau répandue sur lui se changeroit soudain en glaçons et en verglas.

Cette expérience d'agriculture prouve assez bien, ce me semble, la chute du frigorique. Arrosez votre arbre demi-heure avant le lever du soleil, vous avez des glaçons; arrosez-le peu de moment avant, vous le dépouillez de frigorique. Tout cela s'explique par l'affinité de ce fluide avec l'eau. Ajouterai-je à ces observations dont j'ai la certitude, celle qui nous fut annoncée il y a quelques années dans les journaux: et que je n'ai point vérifiée. Il étoit dit qu'un citoyen garantissoit ses arbres fruitiers d'une gelée printanière en leur attachant une corde au haut du tronc; le bout inférieur touchoit à un vase plein d'eau, et cela suffisoit, disoit-il, pour garantir ses fruits de la gelée. Je n'ai point fait cette expérience.

Qu'il me soit permis de donner en passant l'explication d'un phénomène dont parle P. F. Portugais. L'évaporation prompte, dit-il, produit un froid proportionné à la rapidité de cette même évaporation. Comprimez fortement de l'air dans un vase où il y a un peu d'eau; ouvrez ensuite le robinet pour laisser échapper l'air, l'eau se congèle au bout du robinet.

Je n'attribue point le froid à l'évaporation du fluide, mais plutôt à sa condensation. Supposons à l'air atmosphérique contenu dans le vase, une température, par exemple, de 10 degrés au-dessus de zéro. Comprimez cet air jusqu'à le réduire de moitié; la quantité de frigorique qu'il renferme étant concentrée dans une espace moitié de ce qu'il étoit, doit offrir une température de 5 deg. Si vous réduisiez l'air à un quart de son volume, la température devroit descendre à 2 deg. et demi; en cet état de choses, si vous ouvrez le robinet, il passera sur l'eau qui l'avoisine un air à la température de 2 deg. et demi, et cette température doit suffire pour glacer l'eau. Son affinité avec le frigorique fait que durant le passage de l'air qui glisse sur l'eau, il s'exerce une attraction continuelle, et d'autant plus refroidissante, que l'air se renouvelle sans cesse avec la rapidité de la pensée. C'est donc une continuité de frigorique qui se repose sur la petite quantité d'eau qui, ayant plus d'affinité avec le frigorique que celui-ci n'en a avec l'air, détermine ce premier à s'unir à elle et à finir par la congeler. Je suis si persuadé que c'est-là la seule explication que l'on doit donner à cette expérience, que si l'on veut établir sur de l'eau un rapide courant d'air atmosphérique non comprimé , l'on verra de même l'eau se congeler ou se refroidir sensiblement suivant la rapidité donnée au courant d'air et la quantité de ce fluide que l'on aura mise en action. Il doit être indifférent que ce soit l'eau qui voyage rapidement dans l'air , ou que ce soit l'air qui glisse rapidemeut sur l'eau. A cet égard voici une expérience qui , dans un sens inverse, est la même que celle rapportée par P. F. Portugais.

Les chasseurs ont des tasses de cuir à deux petites anses , et lorsque dans les chaleurs de la brûlante canicule ils sont attaqués par une soif dévorante , *souvent* la boisson tiède *qu'ils portent avec eux ,* semble , *au lieu de les satisfaire ,* ajouter à leurs besoins. Alors attachant un double cordon aux anses de la tasse , et la remplissant de leur boisson , ils donnent *à l'une et à l'autre* un mouvement circulaire en les faisant passer rapidement , *et pendant deux ou trois minutes* de leurs pieds au-dessus de leur tête. La liqueur voyage ainsi dans l'air, mais dans un air encore plus chaud qu'elle, et cependant elle s'y rafraîchit au grand étonnement de celui qui va s'en désaltérer. Ce phénomène est une suite de l'attraction qui s'exerce entre la boisson et le frigorique. Le mouvement donné à la tasse , déplace continuellement la colonne d'air , et dans les cercles qu'elle décrit, elle rencontre toujours un air nouveau, chargé d'une certaine quantité de frigorique. L'eau qu'elle renferme agit avec rapidité sur ce fluide et s'en empare.

Nous pouvons en dire autant de l'éventail d'une jolie femme. De l'air atmosphérique elle frappe ses traits délicats, sa poitrine brûlante, et plus elle transpire en ce moment, plus elle éprouve un soulagement prompt et salutaire. Toutes ces observations prouvent l'affinité qui existe entre le frigorique et l'eau ; aussi tous les physiciens s'accordent-ils à dire que l'air qui est un fluide est un mauvais conducteur de la chaleur; et le général de Rumford qui a fait de nombreuses expériences sur le calorique, dit que les fluides en sont les *non-conducteurs* ; cela doit être ainsi, puisque les harmonies de la nature naissent des contraires. Les fluides étant conducteurs du frigorique, doivent être nécessairement des *non-conducteurs* du calorique.

De ces observations prises dans le cours ordinaire de la vie, passons au phénomène dont parle Musschenbroeck , savoir qu'il ne gèle point en Hollande par le souffle des vents du nord , et nous ne tarderons pas à reconnoître qu'il faut l'attribuer à l'affinité de l'eau et du frigorique. Lorsque le vent du nord arrive en Hollande , il a traversé de vastes mers ; la partie du vent qui touche leurs eaux salées, y dépose le frigorique dont elle étoit chargée. Lorsque ce vent arrive sur les terres de Hollande , il ne peut déposer sur la terre et sur les végétaux ce qu'il a déja déposé sur les mers. Il faudroit pour qu'il pût y exercer ses ravages , qu'il se fît un calme subit ; alors dès le coucher du soleil le frigorique , charié par la partie supérieure du vent, tomberoit peu-à-peu , et la gelée se feroit sentir en Hollande comme ailleurs.

Le phénomène dont parle Musschenbroeck est le même dans le pays que j'habite. Le nord souffleroit impétueusement pendant quatre jours dans les beaux jours d'avril ou de mai , que nous n'éprouverions point de gelée si le vent ne se calmoit pas. C'est à la même cause qu'il faut l'attribuer : si le vent du nord n'éprouvoit pas cette altération dans sa traversée , à peine pourrions-nous en France récolter les fruits les plus endurcis aux climats du nord.

Je sens que cette explication paroîtra bien hasardée pour plusieurs , mais j'ai des observations nombreuses à leur faire avant de clorre cette proposition. Avant de passer outre considérons que dans le même tems que ce vent de nord voyageant terre-à-terre dans nos plaines de la Limagne n'y occasionne aucune gelée, les montagnes du Forez et celles du Mont-Dor, qui semblent cerner ce beau pays au levant et au couchant, sont, à la hauteur de 250 à 300 et 400 toises d'élévation, exposées aux froids les plus rigoureux : j'en ai dit quelque chose en parlant de mon passage à Saint-Antesme le 15 germinal an 7 ; je jugeai par la sensation, que le froid que nous y éprouvâmes étoit de 8 à 10 degrés; et dans les plaines basses il n'avoit pas gelé. Le vent du nord qui souffle à 3 ou 400 toises de hauteur, ne s'est point roulé sur les eaux de la mer et n'a rien perdu de sa malignité. Je peux me tromper dans les causes que je donne à cette différence, mais du moins l'on avouera qu'elles ont pour elles un grand degré de probabilité.

Sur les frontières nord de la Chine, parallèle de Paris, le thermomètre de Réau. descend dans les hivers ordinaires à 25 ou 30 deg., tandis qu'à Paris il ne descend dans les hivers rigoureux que de 10 à 15 (Voyage de l'abbé Chappe). Lorsque le vent arrive en France il s'est roulé sur les mers du nord pendant 6 à 700 lieues de plus qu'il n'a fait pour arriver sur les frontières de la Chine.

Moskow, 4 degrés plus méridional que Pétersbourg, éprouve les mêmes degrés de froid que cette dernière ville ; mais Pétersbourg est situé sur les bords de la mer, et les vents de nord, pour venir jusqu'à lui, ont plus de mers à traverser que pour arriver à Moskow.

L'est de la Sibérie, aux mêmes latitudes, est plus froid que l'ouest de la Russie. Tobolk, par exemple, qui est à 2 degrés plus méridional que Pétersbourg, éprouve des froids de 62 degrés, comme l'abbé Chappe l'a observé en 1762, encore dit-il que ce fut un hiver doux, tandis qu'à Pétersbourg le thermomètre ne s'abaisse que de 16 à 30 degrés, mais pour arriver à Pétersbourg, le vent de nord a près de 500 lieues de mers de plus à traverser que pour arriver à Tobolk.

Si nous avons dans nos climats des gelées longues et consécutives, c'est lorsque le vent d'est vient à souffler ; alors il gèle quoiqu'il fasse du vent, parce que pour venir à nous de la Sibérie, il n'a point de mer à traverser.

L'on a cru trouver, dit l'abbé Chappe, la cause du grand froid en ce pays, dans la prodigieuse hauteur qu'on a supposée au terrain de cette contrée, et dans la quantité de sel qu'on y trouve. J'ai déja dit en effet qu'il existoit une grande affinité entre le frigorique et les sels neutres.

L'on a considéré la position de la Sibérie sous un autre rapport. Cette contrée, dit-on, forme un plan incliné depuis la mer glaciale jusques vers les frontières de la Chine, où le terrain est plus élevé parce que les chaînes des montagnes y séparent les deux empires. Le soleil situé vers l'horison de ces montagnes ne peut donc, lorsqu'il éclaire notre hémisphère, échauffer que foiblement ce terrain incliné : ses rayons ne font qu'effleurer la terre.

J'ai voulu rapporter ce passage afin qu'on ne m'accusât point d'avoir affoibli par mon silence les circonstances qui sont contre mon opinion ; mais ce que dit M. Chappe sur la Sibérie, pourroit s'appliquer à toutes les terres situées vers le nord qui sont sur le même plan incliné, et qui cependant ne sont pas aussi froides que ce malheureux climat. Il faut donc chercher une autre cause à la violence du froid qu'éprouve ce pays, et si l'on fait attention que la Sibérie est, de toutes les parties continentales, celle qui approche le plus du pôle, avec la moins grande quantité de mers pour point d'intersection, l'on sera fort tenté de croire que l'explication que j'en donne, si elle n'est pas démonstrative, est au moins très-vraisemblable. Il est même difficile de se refuser d'y croire, lorsque l'on fait attention que tous

les

les degrés de froid dans les divers pays de l'Europe semblent constamment s'accorder avec la plus ou moins grande quantité de mers que le vent de nord a à parcourir ; et lorqu'on ajoute à cette observation celle de l'affinité du frigorique avec l'eau et les sels neutres, l'on devient plus indulgent en faveur de mon opinion, en se ressouvenant que la mer est composée d'eau extrêmement salée.

Comme en parlant de l'affinité de ces deux fluides, je traite une matière absolument neuve, je prie mes lecteurs de me permettre quelques citations encore.

Si dans le printems des vents de nord viennent à souffler par un tems sec, les jardiniers se donnent bien de garde d'arroser le soir les plantes susceptibles ; tant soit peu que le tems se déterminât à la gelée, les plantes arrosées seroient infailliblement atteintes; mais ils s'empresseront d'arroser au soleil levant, 1°. parce que leur terrain aura le tems de sécher jusqu'au soir, seul tems où ils savent bien que ce qu'ils appellent le froid commencera à tomber. 2°. parce que l'eau jetée sur les plantes s'empare du peu de frigorique qui, sans les tuer, les enrhume, les rend malades et les retarde quand viennent les beaux jours; semblables à

H

un animal vivant, retardé dans ses travaux par une longue et pénible convalescence.

Si une vigne a reçu un labour la veille d'une foible gelée, elle en est deux plus fois atteinte que sa voisine qui n'a pas été labourée ou qui l'a été depuis quelques jours. La différence vient de ce que la surface de la terre de l'une est plus humide que la surface de l'autre; par conséquent plus d'attraction, plus de chute de frigorique.

S'il fait une petite pluie après les souffles des vents de nord, pendant les deux mois dangereux du printems, et si le vent se calme et le ciel s'éclaircit, nous sommes surs d'avoir de la gelée; et si la terre est sèche quoique les vents de nord aient été impétueux, et que le tems se soit calmé et éclairci, rarement nous éprouvons de la gelée, à moins que pendant la nuit il ne tombe une forte rosée; alors le frigorique est altéré par elle, et il donne, en tombant la mort aux végétaux qu'il atteint. Mais si au moment du soleil levant il faisoit une petite pluie ou s'il paroissoit un épais brouillard, la gelée n'auroit aucun effet funeste. Le frigorique alors s'étend dans une grande quantité d'eau, se communique indistinctement à tous les corps qui sont à la surface de la terre, et même la pénètre , et son expansibilité rend nulle sa maligne influence.

Qu'il me soit permis d'ajouter ici une observation : en l'an 7 nous avons éprouvé un hiver rude ; le dégel est arrivé par des pluies abondantes ; le frigorique a pénétré dans la terre avec ces pluies ; il ne s'est pas si soudainement élevé dans les airs que si le dégel étoit arrivé simplement par un vent de midi accompagné de soleil. Ne pourroit-on point voir dans la manière dont s'est opéré le dégel cette année, la cause du manque de chaleur pendant l'été? N'est-ce point à la surabondance du frigorique inséré dans la terre , que nous devons attribuer son défaut de chaleur? Le soleil a fait son cours comme à l'ordinaire, et la terre s'est à peine échauffée. Le frigorique qu'elle recéloit dans son sein n'en auroit-il pas été la cause ?

C'est encore en adoptant cette affinité , que l'on explique comment l'atmosphère , dans les beaux jours d'été , se refroidit subitement après un court orage. Nous éprouvons alors d'autant plus de fraîcheur que les nuages , avant la pluie, étoient plus élevés. Ils se sont saturés de frigorique en séjournant dans son empire, et sont venus le déposer autour de nous.

Enfin tout le monde sait que la température de l'eau est presque toujours au-dessous de celle de l'atmosphère ; je dis presque toujours, parce qu'il peut survenir subitement des vents de nord qui refroidissent l'air avant que l'eau ait été pénétrée de leur fluide.

Il n'est personne qui n'ait éprouvé, en prenant un bain de rivière par un vent de nord, que sortant le corps de l'eau et l'y replongeant soudain, l'on éprouve à ce dernier instant la sensation d'une douce chaleur ; l'explication en est facile : le corps est mouillé, le frigorique se hâte de s'y unir, et la sensation est celle du froid. Rentrez-vous dans l'eau du fleuve ? le frigorique qui s'étoit attaché à votre corps, le quitte pour s'étendre dans une plus grande quantité d'eau, et la sensation devient douce et chaleureuse.

C'est encore d'après cette affinité que l'on conçoit comment une île est moins froide en hiver que telle partie du continent sous le même parallèle. L'Islande, par exemple, située à la même latitude que la Laponie, est susceptible de culture, tandis que celle-ci ne sauroit l'être ; par la même cause une île est moins chaude en été que telle partie du continent qui y correspond. Nous avons vu plus haut l'explication du premier effet, par tout ce que j'ai dit à l'égard de la Sibérie, et le second phénomène s'explique par les mêmes lois d'affinité.

Le frigorique attiré sans cesse par la mer qui environne l'île, s'y met en équilibre avec le calorique excité par les beaux jours de la saison. Les continens éloignés des eaux de la mer, ne sauroient avoir cette ressource ; ils ne peuvent espérer des rafraichissans que des vents du nord ou du sud, suivant qu'ils sont situés de l'un ou de l'autre côté de l'équateur, qui ne viennent pas assez souvent à leur secours, ou de la pluie qui quelquefois reste des saisons entières suspendue dans les airs. De-là vient que les îles de la mer du sud, depuis le dixième jusqu'au vingtième degré lat. sud, éprouvent des printems perpétuels et sont le riant séjour de la fécondité, tandis que l'intérieur de l'Afrique, à ces mêmes latitudes, offre des climats embrâsés que le seul Africain noirci peut habiter impunémeut. Mais les rives de la mer dans ces continens, quoiqu'aux mêmes latitudes, sont des séjours enchantés, par les rafraîchissans qn'ils reçoivent de l'océan à des époques fixes du jour et de l'année. Sur ces heureux parages les brises de mer viennent s'unir à l'ombrage des forêts pour donner aux fortunés habitans la fraîcheur et la vie. C'est

le frigorique qui, charié par ces brises res-
taurantes, et attiré par les eaux salées de la
mer, voyage vers la terre pour y établir l'é-
quilibre que pendant le jour le calorique
avoit rompu. Sitôt que le soleil reparoît, il
rappelle le calorique à la surface de la terre,
et celui-ci repoussant à son tour le frigorique, le force à la retraite. C'est ainsi que les
deux fluides se heurtent, s'agitent, se placent,
se déplacent pour le bonheur de l'humanité.

Les mêmes principes nous feront concevoir
comment les climats non habités, couverts
d'étangs et de lacs énormes où se déchargent
des fleuves majestueux, ont une atmosphère
glaciale, tandis qu'à pareilles latitudes l'homme
trouve en des régions moins aqueuses le bonheur et l'abondance.

Prenons pour exemple le nord de l'Amérique ; son sol humide est en attraction continuelle avec le frigorique qui s'y accumule
jusqu'à une certaine saturation, pour deux
raisons dont je vais rendre compte ; l'une est
que ces terrains aqueux n'ont pas, comme la
mer, une communication directe avec les parties méridionales, où le frigorique aille chercher un équilibre par la voie des eaux qu'il
pénètre et traverse librement ; l'autre est que
le soleil, dardant péniblement ses rayons sur

une terre couverte de forêts, et n'y éprou-
vant aucune réfraction, ne peut avec facilité
élever le frigorique dans les régions qui lui
sont propres.

Je ne finirois pas si je voulois faire passer
sous les yeux de mes lecteurs les phénomènes
de la nature qui s'expliquent par l'affinité de
l'eau avec le frigorique, et par la puissance
que le soleil exerce sur ce fluide. Cependant
je manquerois un point essentiel si je passois
sous silence une explication relative à une découverte de nos jours, due à des expériences
faites par des hommes célèbres, et qui mar-
quent la supériorité du génie. Je veux parler
de celles qui ont démontré que l'air atmosphérique est composé de deux gaz, l'un oxygène, l'autre azote. Il est démontré que la partie oxygène est la partie éminemment respirable de l'air, la plus favorable à la combustion
des corps, la plus en rapport avec le calorique,
et que la partie azote en est la partie mortifère,
étouffante ou mofette. Il est par conséquent
démontré que plus l'air atmosphérique est
dépouillé d'azote, plus il est favorable à la
respiration et à la combustion. Tout le monde
connoît à cet égard les belles expériences
mises au jour par le célèbre mais trop infor-
tuné Lavoisier. Je ne dirai de ses expériences

que ce qui a rapport au frigorique qui s'unit à l'un de ces gaz pour descendre jusqu'à nous.

L'on sait que dans les grandes gelées les corps combustibles brûlent avec une plus grande activité ; l'on sait aussi que l'on respire plus librement, ce qui sembleroit dire qu'en ces momens l'air atmosphérique est plus dépouillé d'azote. Or en plaçant un bocal de verre bien sec sur un piédestal, il se remplit de frigorique accompagné de ciselures nombreuses attachées aux parois intérieures du vase. Faites passer le frigorique de ce vase dans un corps quelconque, il restera dans le bocal une quantité d'eau avec laquelle le frigorique étoit descendu des airs. Ne pourrions-nous pas en conclure que le frigorique extrêmement volatil, ayant besoin d'un poids pour lui aider à descendre sur la terre s'empare du gaz azote de l'air atmosphérique, partie avec laquelle il est en affinité, comme l'oxygène l'est avec le calorique ?

Il est certain que le frigorique descend avec quelque chose qui, lorsque ce fluide s'en dégage, est de l'eau naturelle. Dirons-nous que c'est de l'eau répandue dans l'atmosphère qui saisit le frigorique en la traversant ? Mais jamais les étoiles ne sont plus brillantes, plus sintillantes au firmament que dans les fortes gelées ; l'atmosphère n'est donc point humide en ces momens ; de plus, la machine électrique produit alors ses plus grands effets , autre preuve de la sécheresse de l'air atmosphérique. Y a-t-il de la témérité à penser alors que cette portion d'eau restée au fond du bocal après l'évacuation du frigorique , est la partie azote de l'air dont s'empare ce fluide ? La sécheresse de l'air nous certifie que ce dont s'est emparé le frigorique est un fluide aériforme. Or l'air n'a été décomposé jusqu'à cette heure qu'en oxygène et en azote ; il faut donc choisir entre ces deux gaz, et certes nous ne préférerons point l'oxygène qui est en si grande affinité avec le calorique , et qui d'ailleurs ne semble jamais plus surabonder dans l'atmosphère que lorsqu'il gèle cruellement ; il ne nous reste donc que l'azote, et peut-être apprendrons-nous dans peu que c'est vraiement la partie de l'air atmosphérique dont s'empare le frigorique pour descendre sur la terre ; peut-être apprendrons-nous aussi que l'azote est en affinité absolue avec le frigorique , et qu'ils ont entre eux de tels rapprochemens par les effets qu'ils produisent, qu'on les confondroit pour ainsi dire ensemble.

Au reste la première expérience que je propose aux physiciens à cet égard c'est, pendant les fortes gelées, de se procurer un eudiomètre. En mélangeant une certaine quantité d'eau atmosphérique avec du gaz obtenu par l'effervescence de l'acide nitreux et d'un métal quelconque, on reconnoîtra si l'air atmosphérique est alors plus dépouillé d'azote que dans un tems de dégel.

J'en étois-là de mon ouvrage lorsque le cit. Besson, inspecteur des mines, m'a procuré la lecture d'un mémoire sur le frigorique, par M. Herckenroth, intitulé, *Dissertation sur la nature du froid*. A Paris 1777, chez Monory, rue et près de l'ancienne Comédie française.

J'ai vu dans cet ouvrage que l'auteur et moi étions arrivés au même but par une route différente. Il établit en principe que le froid est une puissance ainsi que le chaud, que l'un est l'opposé de l'autre, et que leurs justes proportions les mettent en équilibre, tandis que leurs disproportions les exposent à un mouvement contraire.

Je rapporte avec plaisir ce que j'ai lu dans cet ouvrage, afin de rendre hommage à M. Herckenroth, et de mettre mes lecteurs à même de se procurer l'initiative des moyens chymiques indiqués dans cet ouvrage pour arriver à la connoissance du frigorique. Sa théorie est que ce fluide est une matière alkaline, et qu'il ne peut se former d'alkali sans frigorique. Il ajoute que le froid peut être regardé comme le principe de l'alkali volatil, et qu'il est extrêmement volatil lui-même.

Il établit pareillement que le principe inflammable de l'esprit-de-vin et le principe du froid sont la même chose; et, ajoute-t-il, « je laisse dire à Kuncket, sans me joindre à lui, que s'il étoit possible de séparer le principe du froid du principe igné, tout périroit par le feu; mais qu'heureusement le froid est l'obstacle bienfaisant qui nous préserve de ce malheur. »

Il dit ailleurs : « Si vous versez de l'acide vitriolique sur du sel ammoniac, au lieu de l'alkali volatil, vous en dégagez l'acide sulfureux volatil le plus pénétrant, vous faites la même chose avec la glace; il me semble assez naturel d'en conclure que les parties constituantes de la glace sont les mêmes que le sel ammoniac. »

Aujourd'hui, par le moyen de l'expérience de la cornue, l'on peut se procurer ces *parties constituantes de la glace*, il sera plus aisé aux physiciens de s'assurer de ce qu'avance M. Herckenroth. L'on dira peut-être pourquoi proposer toujours des expériences et ne pas

les faire vous même pour donner plus de poids
à votre opinion ? Je répondrai que les ateliers
d'un physicien ne se dressent pas sans argent,
et que l'amour des sciences n'est pas toujours
dans les favoris de la fortune.

J'ai vu, par l'ouvrage de M. Herckenroth,
que l'affinité dont je parle dans le mien, entre les sels neutres et le frigorique, avoit eu
dans ses mains une démonstration plus positive que dans les miennes. Le passage que je
viens de citer, semble dire avec moi : le frigorique est la cause de la cristalisation de
l'eau comme de la cristalisation du sel ammoniac, et ces deux substances, si elles n'en
renfermoient pas, cesseroient d'être cristalisées. Je suis persuadé que les physiciens qui
pourront se procurer le petit ouvrage de M.
Herckenroth, s'empresseront de répéter une
partie de ses expériences pour acquérir la conviction parfaite de l'existence du frigorique.

Quant à moi, qui ne saurois traiter cette
matière avec les analyses de la chymie, je me
bornerai à rappeler de cette science ce qui a
été dit par M. Lavoisier, relativement à ce
que j'ai annoncé, que je croyois que le frigorique, en tombant des airs, en entraînoit
avec lui la partie azote.

M. Lavoisier dit qu'il balança à donner à la

portion de l'air, qu'il nomme azote (*je prive de vie*) le non d'alkaligène (*j'engendre l'alkali*). « Mon incertitude venoit, dit-il, de ce qu'il est prouvé par les expériences de M. Berthollet, que ce gaz entre dans la composition de l'alkali volatil ou ammoniac. » (Je prie mes lecteurs de ne pas perdre de vue le rapprochement des idées de MM. Herckenroth et Lavoisier, et le rapport qu'elles ont avec l'azote que je dis descendre des airs avec le frigorique.) Mais ce qui l'en détourna, c'est qu'il ne lui parut pas également certain qu'il fût le principe constitutif des autres alkalis. « D'ailleurs, ajoute-t-il, il est prouvé qu'il entre également dans la composition de l'acide nitrique. Nous n'avons pas cru, d'un autre côté, devoir donner à l'azote le nom de radical nitrique, parce que cette substance est également la base de l'alkali volatil ou ammoniac, comme l'a découvert M. Berthollet. Nous continuerons donc de désigner sous le nom d'azote, la base de la partie non respirable de l'air atmosphérique, qui est en même tems le radical nitrique et le radical ammoniac. »

Selon M. Lavoisier, dans les plantes qui ne contiennent point d'azote mais seulement de l'oxygène, de l'hydrogène et du carbone, si

la température n'excède pas de beaucoup celle
de l'eau bouillante , l'hydrogène et l'oxygène
se réunissent pour former de l'eau. Une portion d'hydrogène et de carbone se réunissent
pour former de l'huile volatile, l'autre portion
de carbone reste fixe dans la cornue. Mais
dans la décomposition des plantes qui contiennent de l'azote , telles que les crucifères ,
l'azote s'unit à l'hydrogène pour former de l'ammoniac ou alkali volatil. Les matières animales
contenant plus d'oxygène et plus d'azote que
les matières végétales, fournissent plus d'huile
et plus d'ammoniac. Enfin il nous rappelle,
ch. XVI , que M. Berthollet est parvenu à
prouver, par voie de décomposition, que mille
parties d'ammoniac en poids étoient composées d'environ huit cent sept d'azote et cent
quatre-vingt-treize d'hydrogène.

D'après les expériences et observations de
M. Herckenroth , le frigorique est une matière
alkaline , et les parties constituantes de la
glace sont les mêmes que celles du sel ammoniac. D'après M. Lavoisier l'azote uni à
l'hydrogène , forme l'ammoniac ou l'alkali volatil. D'après l'aveu de tout le monde , l'ammoniac uni à l'eau froide, la refroidit encore ;
donc la glace, l'ammoniac, l'alkali, l'azote
ont ensemble un tel rapport qu'on seroit tenté

de les croire ne différer entre eux que par leurs différentes modifications ; du moins reste-t-il assuré qu'ils ont un rapprochement tel que je n'ai pu m'égarer en avançant que la partie de l'air atmosphérique qu'entraîne avec lui le frigorique tombant des airs est l'azote. Au reste il sera facile de s'en assurer en se servant, dans la composition de l'ammoniac, de frigorique *vierge*, si je puis dire ainsi, uni à l'azote tel que nous le donne la nature en tems de gelée, ou même sans azote en se servant du frigorique par le moyen de la cornue.

Je crois avoir suffisamment établi, 1°. que le froid n'est pas une modification négative des corps, mais une positive, une modification qui ne vient pas seulement de l'absence de la chaleur ou du calorique, mais de la présence du frigorique ; 2°. que ce fluide réside dans l'atmosphère, et que sa grande masse est accumulée successivement sur les deux pôles du monde, se communiquant par l'immensité des airs ; 3°. que le soleil dirige tous ses mouvemens soit en l'élevant au-dessus des nuages, soit en le faisant voyager par courans dans l'atmosphère, soit encore en le laissant en stagnation sur nos têtes, d'où il tombe avec lenteur pour s'unir aux élémens comme aux êtres organisés ; 4°. que l'eau est en très-grande affinité avec lui , et que les sels neutres semblent en contenir une grande quantité qui constitue leur essence.

Je pense que d'après ce que j'ai rapporté , tant des observations faites sur la nature, que des expériences que j'ai faites moi-même, on ne sauroit douter de l'existence de ce fluide et de sa chute de l'atmosphère sur tous les corps. Les sept vases posés sur la même table et remplis de la même eau , les uns découverts , les autres recouverts de différentes manières et donnant tous divers résultats, mais absolument conformes à l'idée qu'on pourroit avoir de la chute d'un fluide , démontrent la residence du frigorique dans les airs. La cornue se remplissant de frigorique et le déposant sur une eau qu'il glace ou refroidit sensiblement , atteste pareillement l'action de la lumière dans sa chute comme dans son ascension. Cette expérience de la cornue , l'arrosement des arbres en tems de gelée , les ravages du frigorique sur les terrains humides annoncent l'affinité de ce fluide avec l'eau. Il ne me reste plus qu'à présenter un apperçu général sur l'harmonie de la nature , provenant de la combinaison de ce fluide avec le calorique.

RÉSULTATS

RÉSULTATS HARMONIQUES

DE LA

COMBINAISON DU CALORIQUE

AVEC

LE FRIGORIQUE.

Ce n'est pas seulement quand il gèle que le frigorique tombe sur la terre, il y est en tout tems, il est sur et dans tous les corps, mais avec des proportions différentes, suivant les saisons et la diversité des circonstances. Ce que j'ai dit des brises de mer, de l'expérience de la cornue diminuant seulement d'un degré la chaleur de l'eau ; ce que j'ai dit encore de la température différente des thermomètres plus ou moins placés sous un appentis, ou même placés l'un sur l'autre ; ce que j'ai rapporté de la plus grande pesanteur des corps s'accroissant en proportion de leur froidure ; ce que j'ai observé du refroidissement que l'eau porte à tout corps sensible ou insensible, à nos mains en les mouillant, à nos appartemens en les arrosant, aux thermomètres même en les humectant ; tout annonce que le frigorique

1

agit sur la terre et dans les airs dans tous les tems et dans toutes les proportions ; qu'il s'unit avec le calorique que les physiciens reconnoissent exister dans tous les corps, et que de cet heureux mélange naissent toutes les températures, depuis celles de la zône torride, jusqu'à celles des régions glacées de l'ours.

A mon avis, le soleil, dardant ses rayons, excite le calorique à réchauffer la terre, et force le frigorique à s'élever dans les airs. Dès que cet astre disparoît, le frigorique tend à redescendre et contraint le calorique à se retirer à son approche. Je n'entends pas dire cependant que l'un ait victoire entière pendant le jour et l'autre pendant la nuit, de façon qu'en ce dernier tems il ne reste que du frigorique et dans l'autre rien que du calorique ; je veux dire seulement que le jour est le tems où le soleil tend à faire triompher le calorique, et la nuit celui où le frigorique, n'étant plus élevé par le soleil, obtient la victoire à son tour.

En étudiant la nature, on voit que la chute du frigorique se fait avec une extrême lenteur, et que le calorique n'arrive pas avec une plus grande rapidité. Toujours leurs mouvemens, soit en avant soit rétrogrades, sont l'effet de la présence ou de l'absence du soleil ; par-tout où cet astre séjourne, il donne le triomphe au calorique, tel vers l'équateur, et sans doute cette partie du monde seroit bientôt embrasée si pendant les douze heures de l'absence du soleil, le frigorique descendant peu-à-peu et s'approchant de la terre, s'y mélangeant doucement avec le calorique, n'y rétablissoit pas une heureuse harmonie. Par-tout au contraire où cet astre fait de longues absences il laisse triompher le frigorique, tel vers les deux pôles de la terre, où ce fluide semble plonger tous les élémens dans un engourdissement éternel. Tous les jours dans nos climats le soleil travaille à repomper le frigorique et à remettre le calorique en activité. La longueur des jours du printems et de l'été donne par cet astre, un empire au calorique qu'il ne quitte que peu-à-peu pendant les jours raccourcis de l'automne et de l'hiver, et lorsque dans ces deux saisons le frigorique a repris le dessus, le soleil a longtems à lutter avec lui pour le contraindre à céder la supériorité au calorique.

Mais pour contempler d'un œil plus réfléchi ces deux fluides, il faut les voir l'un et l'autre au sein de leur empire, l'un sur les pôles, l'autre vers les tropiques et l'équateur; c'est de-là que s'élançant dans les vastes plaines des airs, ou courant à la surface de la terre, ils se livrent des combats dont les suites sont les températures variées qui fécondent ou dévastent les climats divers.

Dès que le soleil, partant de la ligne, **se** retire vers le tropique du capricorne, il commence à menacer le pôle nord de la nuit qu'il doit bientôt éprouver, et dès que cette nuit commence, le pôle sud voit l'aurore d'un nouveau jour. Le frigorique qui s'étoit en partie retiré de notre pôle, y revient et recommence à s'amonceler sur sa coupole, mais il n'y vient qu'à proportion qu'il quitte le pôle sud. Aussi dès l'équinoxe d'automne, commencement du grand jour du pôle sud, il s'établit un courant de frigorique qui, s'élevant dans les airs, se dirige vers le nord. De-là peut-être les grands vents de sud que nous éprouvons à cette époque ; ils sont très-chauds, il est vrai, et ne ressemblent guère à des courans destinés à glacer le nord ; mais, 1°. ils se refroidissent sensiblement à proportion qu'ils s'éloignent de leur point de départ ; 2°. l'on conçoit que la pression du frigorique dans la région supérieure des airs, peut déterminer le calorique qui se trouve terre-à-terre entre les deux tropiques, à recevoir l'impulsion, à suivre l'ébranlement donné et à courir vers le nord, tandis que dans la région supérieure, par exemple à 1,800 ou 2,000 toises de hauteur, qui sont peu de chose pour l'élévation de l'atmosphère, voyage le courant de frigorique qui, s'amoncelant sur la coupole du nord, recommence à y glacer les mers dès la fin d'août et le commencement de septembre, mais toujours, disent les voyageurs, les rivages du nord, dès les premiers jours d'octobre, immédiatement après l'équinoxe, ont leurs mers glacées pour le reste de leur hiver.

Il n'existe, pour notre globe, qu'une quantité donnée de frigorique; il faut que lorsqu'il en arrive de nouveau dans un lieu, ce soit aux dépens d'un climat quelconque qui s'en est déchargé. Les régions même glacées du pôle éprouvent des hivers moins froids lorsque les climats plus méridionaux éprouvent de plus rudes hivers. De-là il faut que lorsque les mers du nord se glacent, ce soit aux dépens du dégel qui commence dans celles du sud; et cette compensation ne peut se faire que par des courans établis dans l'atmosphère. Jamais cependant nous n'éprouvons de courant de frigorique venant du sud; la raison en est claire, c'est que le frigorique, pour traverser les tropiques et l'équateur, rencontre là son adversaire en force dans ses états.

Tout ce qu'il peut , c'est de continuer sa route dans les airs , et de donner au calorique l'impulsion dont nous nous ressentons tous les ans lors de l'équinoxe d'automne , et nécessairement les habitans du sud doivent ressentir les mêmes vents chauds du nord lors de l'équinoxe du printems.

Depuis le 25 jusqu'au 28 floréal an 6 , il a règné un vent de sud très-impétueux ; le 29 a été calme et le 30 le vent est devenu sud-ouest ; mais le 1, 2, 3, 4 et 5 prairial le vent de nord a été violent. D'après des remarques que j'ai faites , j'ai jugé que le courant étoit au moins de 10 lieues par heure. Voici l'origine que je crus devoir donner à ce vent de nord.

Le courant sud ayant eu lieu pendant cinq jours , avoit occasionné entre le 50e. et le 60e. deg. lat. nord une débacle considérable ; il avoit dû s'élever dans l'atmosphère de ces climats une grande quantité de frigorique. Dès qu'il y en eut un amas assez considérable pour servir de contre-poids au courant sud , le frigorique dut l'arrêter , et puis lâchant ses écluses à son tour , si je puis dire ainsi , il s'est précipité avec fureur vers le midi , a passé sur nos têtes , de-là sur le tropique du cancer , sur l'équateur , sur le capricorne , et il est enfin parvenu au pôle sud qui l'attendoit pour paralyser son océan. Cependant ces courans de frigorique ont dû être des vents brûlans pour ceux qui sur le même méridien que nous, les ont ressentis au-delà du tropique du capricorne.

Ceci nous donne la théorie des vents de sud que nous éprouvons vers l'équinoxe d'automne, et des courans de nord que malheureusement nous éprouvons trop impétueux, vers l'équinoxe du printems.

Le 16 floréal an 7, il s'éleva tout-à-coup un grand vent de sud très-chaud. Mes concitoyens s'en réjouissoient voyant que la terre s'échauffoit par son secours. Hélas! leur dis-je, malheur à nous s'il dure autant que vous paroissez le desirer; il va nous chercher les frimats du nord qu'il nous amenera sous peu de jours. L'on se rit de mes craintes d'autant mieux que ce vent bienfaiteur poussoit la végétation avec une merveilleuse activité. Oui, dis-je, malheur à nous s'il est de durée; il dégèlera le nord précipitemment; le frigorique s'amoncelera dans l'atmosphère de la coupole du pôle, et bientôt s'en échappant par courans impétueux, il viendra nous inonder de son mortel fluide.

Mes craintes se sont vérifiées à demi. Le vent de sud n'a duré que deux jours; le 18 a été calme ; le 19 , 20 et 21 vent de nord très-froid et le 22 petite gelée. Le ther. de Réau. exposé au levant , est descendu à un deg. et demi au-dessous de zéro; mais la terre étant sèche , les récoltes ont été fort peu endommagées. Il seroit donc à souhaiter que le dégel du nord se fît par des vents de terre modérés, afin que le courant de frigorique au printems fût de même.

Ce que je dis des courans de frigorique s'accorde parfaitement avec ce que nous éprouvons tous les printems. Les mois de mai , juin et quelquefois tout juillet , voient constamment régner les vents de nord. C'est le moment de la fonte des glaces polaires , moment où il s'élève dans les airs , moment où ne pouvant rester fixe dans l'atmosphère de la coupole , il s'élance par torrens vers le sud. Ces torrens ne sont bien impétueux que lorsqu'ils succèdent à des vents rapides du midi. Passé ces premiers jours , il devient un zéphir caressant et bienfaiteur qui répare en nous les forces que nous raviroit sans lui le calorique des plus longs jours de l'année; aussi pouvons-nous dire que ce sont les trois mois de l'amour et de la santé. C'est ainsi que l'Eternel a disposé la marche de ces deux fluides, l'un terre-à-terre , l'autre dans les régions éthérées pour organiser la température de tous les climats.

Il seroit à souhaiter que les voyageurs nous eussent parlé de la rapidité des vents du nord dans la Norwège, la Russie, la Laponie, la Sibérie. Sans doute à leur source ils doivent être plus rapides que dans nos climats ; là le frigorique est plus resserré ; le rayon, au point de départ est plus étroit ; la même quantité de fluide doit y presser l'air avec plus d'impétuosité. Les écluses de Waygat et autres offrent plus d'obstacles aux voyageurs que les courans de l'océan sous l'équateur. O l'immense et majestueux spectacle pour l'œil qui pourroit l'embrasser, que celui de voir le pôle nord se fondant à l'approche du soleil, lancer ses eaux dans l'océan, les faisant rouler sur la terre, et rejetter vers l'atmosphère le *gluten* qui les retenoient cristalisées, pour aller l'un et l'autre, par deux routes majestueuses, se fixer pour un tems sur le pôle opposé ; et le chargeant graduellement de leur poids, lui donner cette pesanteur qui détermine la terre au balancement, qui fait le changement des saisons et l'admirable fécondité de la nature. Mais celui seul qui les a créés peut jouir de ces beautés suprêmes. L'œil de mon esprit peut un instant les entrevoir, et d'une manière si foible encore, que nul peut-être n'osera venir con-

templer ce spectacle avec moi; il sera pour
mes concitoyens une chimère , peut-être une
invention gigantesque de mon imagination
déréglée.

Je dois observer que quoique j'attribue certains courans du sud à la pression du frigorique , par exemple ceux de l'équinoxe d'automne et ceux de l'équinoxe du printems , je
n'entends pas dire pour cela que tous les courans du sud ayent pour cause la pression du
frigorique. Non , je n'ai pas voulu faire un
système et asservir les lois de la nature à mon
imagination; j'ai observé , et je dis ce que je
crois avoir vu; quant à ce que j'ignore , je
n'en parle point. Il est très-probable , par
exemple , qu'au moment où le soleil quitte un
tropique pour revenir à l'autre , il se fait un
changement dans l'atmosphère qui occasionne
des courans , mais je l'ignore et je me tais. Il
me suffit de jeter en avant ces idées , afin
qu'un jour quelqu'heureux observateur fasse
d'abondantes découvertes dans les mines que
j'aurai indiquées.

J'ai été un peu long dans cet ouvrage , mais
la matière étoit neuve , il a fallu dire bien des
choses pour amener l'opinion de mes lecteurs
à la mienne; encore combien , par égard pour
eux , ai-je négligé de matériaux préparés pour

ce foible édifice. Si l'on reconnoît l'existence du fluide dont j'ai embrassé la cause, j'en aurai assez dit ; si on ne la reconnoît pas, ce que j'aurois ajouté n'auroit pas mieux convaincu. L'on saura gré du moins à l'auteur de n'avoir pas fait un gros livre pour ne rien apprendre de neuf à ses concitoyens.

Cependant, je le dis avec confiance, j'ose espérer que mon opinion trouvera des partisans ; et si des hommes instruits adoptent une fois le frigorique, je ne doute pas que l'on n'y trouve, ainsi que dans le calorique, quelque chose d'essentiel pour la théorie des vents. J'aurois eu bien des observations à présenter sur cet objet, bien des raisonnemens à faire, mais si j'avois joint cette partie à celle de l'existence du frigorique, rien n'auroit empêché que je ne dusse aussi traiter des rayons du soleil avec lesquels il a tant de rapport, et du calorique ainsi que de son réservoir commun, qui n'est pas moins essentiel à connoître que celui du frigorique. De proche en proche, voulant traiter de tout ce qui a rapport à un grand objet, j'aurois embrassé toute la nature, car tout se tient, tout s'enlace dans le monde physique comme dans le monde moral. Tous les évènemens, toutes les secousses tiennent à des causes qui ont des rapports absolus avec le

grand tout. C'est par cet enchaînement universel que le froid et le chaud, qui font l'organisation du monde physique, que le mal et
le bien, qui font l'organisation du monde
moral, nous composent une harmonie tantôt
heureuse, tantôt malheureuse ; harmonie que
tel philosophe trouve bien ordonnée, que tel
autre estime être un désordre universel, et sur
laquelle l'homme sage sent qu'il doit plutôt
observer et jouir que prononcer et s'affliger.

Bornons-nous, pour le moment, à convenir de l'existence du frigorique, à reconnoître
que son réservoir commun est l'atmosphère,
et principalement les coupoles des pôles ; qu'il
a une grande affinité avec l'eau, et qu'il est
mis en action par le soleil. Bientôt peut-être
on verra que de même qu'il existe deux fluides qui font toutes les températures du globe,
il en est également deux autres, si longtems
confondus en un seul, l'oxigène et l'azote,
avec lesquels les deux premiers sont en affinité
absolue ; avec lesquels, par la volonté du suprême ordonnateur, ils sont continuellement
unis pour la fécondité du sol et la prospérité
des êtres. Déja les chimistes ont reconnu l'affinité du calorique avec l'oxigène ; déja l'azote
est entre leurs mains la base des alkalis ; ils
n'ont qu'un pas à faire, en reconnoissant

l'existence du frigorique, pour admettre l'affinité de ce fluide avec l'azote. Alors nous
verrons ces quatre fluides, environnant et
pénétrant notre planète, s'unir, se séparer,
s'attirer, se repousser, se mélanger d'une
manière égale ou inégale pour satisfaire aux
différentes tâches qu'ils ont à remplir pour le
bonheur des êtres vivans de tous les climats.

O homme ! que de travaux il te reste encore à faire pour appercevoir seulement quelques uns des ressorts, que met en œuvre le
divin auteur pour former, alimenter et même
décomposer les êtres ! Sais-tu seulement où
réside le calorique, un de ses premiers agens
qui, sans cesse t'anime et te vivifie ? Ne l'as-tu
pas trop longtems confondu avec cet astre
bienfaisant, que l'homme, dans la naissance
de ses reflexions, nomma son créateur ? Sais-tu
par quel mécanisme ton atmosphère se change
en eau et ton eau en atmosphère ? Sais-tu
comment les fluides se combinent entre eux
pour donner la vie à tout ce qui végète ou
respire, par quel moule ils se modulent en
couleurs, en formes, en odeurs qui varient
si agréablement le spectacle de la nature ?
Sais-tu....... Mais l'énumération de ce
que tu ignores seroit infinie comme l'auteur
de la portion des choses créées que tu vois :

sur-tout m'appartient-il, à moi, de faire ces questions? Moi, qui, à peine ai pu effleurer quelques connoissances humaines? D'ailleurs un même homme doit il s'élever à la recherche de tant de choses sublimes? et ne dois je pas être satisfait, si pour ma part, j'ai frayé une route nouvelle qui conduise à la connoissance d'un fluide si longtems méconnu.

Je ne me glorifierai point de la découverte ; elle fut mise au jour par d'autres, avant moi, et si j'ai fait un pas de plus que quelques autres, je le dois à mon goût pour l'agriculture, goût que j'ai exercé dans la ci-devant Auvergne, où pendant huit mois de l'année, l'on est, avec le sol le plus riant, le plus fécond, dans une appréhension continuelle pour les récoltes de tout genre, à cause de la chute non moins accélérée qu'inattendue du frigorique, qui si souvent, hélas! est pour nous un élément destructeur. A force d'en étudier les bienfaits et la colère, j'ai dû nécessairement parvenir aux résultats que je présente au public. Puisse mon espoir n'être pas trompé. Puisse ce fluide, en des mains habiles, être saisi, pesé, mesuré, senti, porté, comparé, divisé, transféré d'un corps à un autre. Alors ne doutant plus de son existence, on en cherchera les propriétés, les affinités, la puissance, et bientôt, aux yeux du naturaliste, du chimiste et du physicien, il jouera un rôle intéressant parmi les êtres premiers de la nature. Peut-être même un jour, qui n'est pas éloigné, on aura de la peine à concevoir que les hommes ayent si souvent nié l'existence d'un fluide qui se manifeste si positivement, qui se fait sentir sous tant de formes différentes et qui frappe l'homme, les animaux, les végétaux d'une manière souvent agréable et restaurante, mais par fois d'une façon bien cruelle.

L'on ne s'étonnera pas moins qu'on ait pu douter de sa résidence dans la région supérieure de l'atmosphère, sur-tout, si dans les chaleurs de juillet et d'août, passant sur les hautes montagnes, l'on a foulé aux pieds les glaciers et la neige ; si, transi de froid, l'on a couru chercher dans la chaumière du berger, la chaleur vivifiante de son économique foyer ; et si tout-à-coup, descendant vers la plaine, au milieu des riantes moissons, jettant avec empressement des vêtemens importuns, l'on a souhaité avec ardeur les boissons rafraîchissantes ; l'on a recherché les ombrages frais des humides prairies ; l'on y a savouré avec délices les fruits aqueux et parfumés de nos riantes vallées. Quelle opposition dans la température sous un même ciel! Que dis-je! Et lorsqu'on a vu ces énormes glaciers qui, leur tête cachée dans les nuages, foulent pour ainsi dire à leurs pieds le raisin noirci par une demi-année de chaleur, peut-on ne voir dans ces cristaux suspendus que l'absence du calorique, qui dans ces fruits réjouissans, fait connoître la supériorité de son pouvoir? Ah! peut-être nos neveux concevront à peine comment, à de tels contrastes, nous pûmes douter de l'existence du frigorique et du lieu de sa résidence. Mais le tems de le reconnoître n'est pas encore venu. Il n'arrivera même jamais pour plusieurs. Il faut aux fruits des sciences, une maturité comme à ceux de nos jardins et de nos vergers. Combien d'années s'écoulèrent après l'ascension des liqueurs dans les tubes de Toricelli, avant que l'on renonçât au système insignifiant de l'horreur du vuide! Et l'expérience de Pascal, faite sur le Puy-de-Dôme, étoit connue du monde savant, que plusieurs méconnoissoient encore la pesanteur de l'air. Je dois m'attendre à plus d'obstacles sans-doute. N'importe j'aurai la satisfaction intime d'avoir fait mon devoir en donnant au public la connoissance de mes observations et de mes expériences dont on pourra toujours tirer quelque parti.

ERRATA.

Page 9, ligne 20 ; fondue, *lisez* fondues.

Pag. 24, lig. 1 ; il , *lisez* ils.

Pag. 59, lig. 1 ; frigorique, *lisez* calorique.

Pag. 98, lig. 5 ; fume, *lisez* fument.

Idem ; sert , *lisez* servent.

Pag. 107, lig. 14, 15, 19, 20 et 21 : point d'italique.

Pag. 114. lig. 4 ; deux plus fois, *lisez* deux fois plus.

Pag. 132, lig. 14 ; commencement, *lisez* époque.

Idem , lig. 22, refroidissent ; *lisez* se ré-chauffent.